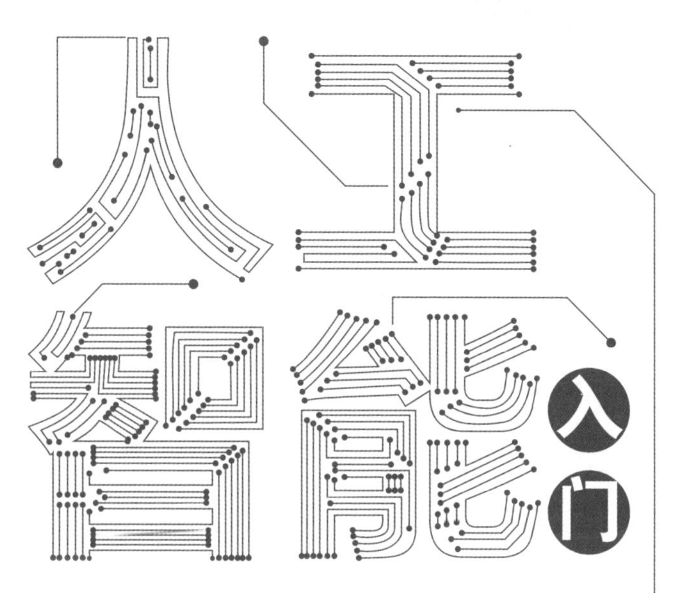

人工智能入门

AN ELEMENTARY INTRODUCTION TO ARTIFICIAL INTELLIGENCE

主　编◎刘峡壁　张　毅

副主编◎钱卫东　李　嫄　袁中果

中国人民大学出版社

·北　京·

图书在版编目（CIP）数据

人工智能入门/刘峡壁，张毅主编；钱卫东，李嫄，袁中果副主编．--北京：中国人民大学出版社，2023.3

ISBN 978-7-300-31215-6

Ⅰ.①人… Ⅱ.①刘… ②张… ③钱… ④李… ⑤袁… Ⅲ.①人工智能-普及读物 Ⅳ.①TP18-49

中国版本图书馆 CIP 数据核字（2022）第 203853 号

人工智能入门

主　编　刘峡壁　张　毅

副主编　钱卫东　李　嫄　袁中果

Rengong Zhineng Rumen

出版发行	中国人民大学出版社		
社　　址	北京中关村大街 31 号	**邮政编码**	100080
电　　话	010－62511242（总编室）		010－62511770（质管部）
	010－82501766（邮购部）		010－62514148（门市部）
	010－62515195（发行公司）		010－62515275（盗版举报）
网　　址	http://www.crup.com.cn		
经　　销	新华书店		
印　　刷	涿州市星河印刷有限公司		
规　　格	170 mm×230 mm　16 开本	**版　　次**	2023 年 3 月第 1 版
印　　张	12.25	**印　　次**	2023 年 3 月第 1 次印刷
字　　数	140 000	**定　　价**	79.00 元

前　言

越来越多的人渴望了解人工智能技术，这是我们逐渐向人工智能时代迈进的反映。首先，人工智能的发展远远不像我们通常认为的那样乐观，事实上还处于极早期，还有很多问题有待解决，甚至不少根本问题还没有进入我们探究的视野。其次，人工智能也不会再像其之前发展历史中的若干次起伏一样，退回到普通人感受不到它的存在的状态。是的，人工智能的大潮已扬起，我们将越来越深入地与人工智能产品和技术共存，为此，我们应具备相应的常识与素养。本书正是为此目的而写作的，希望能帮助人们建构正确、全面、清晰、初步的人工智能知识体系，更好地适应人工智能时代，并为有志于从事人工智能技术研发与应用的人奠定进一步学习的良好基础。

本书的内容基于一个根本的理念：人工智能就是认识自己。世界上真正具备高级智能的实体只有人类，人工智能本质上是对人类智能的模仿，因此我们要从“认识自己”出发来发展和学习人工智能。从这一点出发，我们可以将现有人工智能技术归结为对人类智能不同属性的模拟所形成的六大技术途径：机器学习、人工神经网络、符号智能、进化计算、行为智能、群智能。人工智能就是由这六大技术途径构成的一头大象。初学人工智能的人应该首先看到这头大象，而不是先去摸大象的一条腿。在形成对大象全貌的框架性认知后，才能有清晰的思维模式去深入学习大象的各个组成部分及各个组成部分之间的相互融合。

本书的内容按照上述六大技术途径展开。作为入门读物，考虑到初学者的特性，本书遴选各个技术途径中较易掌握且能反映其基本思想的理论知识作为核心内容，并使用直观的应用案例来讲解，以便读者更容易理解理论知识，掌握理论知识的实践与应用。在机器学习与人工神经网络部分，以人脸识别与语音识别控制智能小车作为应用案例，介绍人工神经网络的基本构成与监督学习的基本思想；在符号智能部分，介绍符号智能的定义与问题，重点阐述机器博弈算法，实现五子棋博弈程序；在进化计算部分，以机器博弈程序的自我进化为例，讲解进化算法的基本思想与构成，并融合机器学习、神经网络、符号智能知识，从而体现不同技术途径的融合方法；在行为智能和群智能部分，以足球机器人的踢球行为与协作比赛为例，介绍这两种技术途径的基本任务与解决问题的基本思想。

通过掌握本书内容，相信读者能够对人工智能有一个很好的初步认识，为后续的深入学习奠定很好的基础。

本书既可作为对人工智能感兴趣的读者的入门读物，也可作为中学教材使用。读者在进行本书内容的实践时，可配合使用积木化智能系统组装平台（网址：www.aixlab.cn）。

本书参编人员包括陈文香、李海花、王祺磊、贾志勇、孟秋汝、周亚红、段鑫、李腾腾、冯渟茜、韩孟桥、海朝阳，图片制作由任多完成。

我们期待读者对本书的反馈。

刘峡壁　张　毅

2022年10月29日于北京

目 录

第 1 章

走近人工智能

知识地图

本章首先介绍什么是人工智能，人工智能即对人类智能的模拟。其次简要阐述实现人工智能的六大途径，包括机器学习、符号智能、群智能、行为智能、神经网络和进化计算。最后通过两个应用简要介绍人工智能实现途径的结合。

本章知识地图如图 1.1 所示。

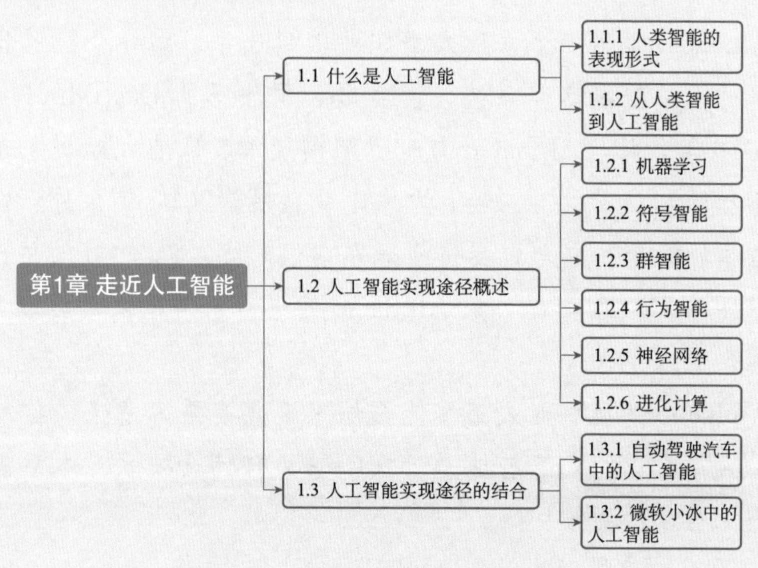

图 1.1 “走近人工智能”知识地图

学习目标

知识与技能：

1. 了解人工智能及人工智能的表现形式。

2. 理解人工智能的 6 种实现途径。

过程与方法：

1. 通过对人工智能基本知识的学习，促进学生对人工智能的全面了解。

2. 通过对人工智能应用实例的分析，增强学生实际应用意识。

情感与态度：

1. 体会人工智能的 6 种实现途径在现实应用中的价值。

2. 提高学生学习人工智能的兴趣。

体验

AlphaGo 是第一个击败人类职业围棋选手、第一个战胜世界围棋冠军的人工智能博弈系统，由谷歌公司旗下的 DeepMind 公司开发。2016 年 3 月，AlphaGo 与世界围棋冠军、职业九段棋手李世石进行围棋人机大战，以 4∶1 的总比分获胜；2017 年 5 月，在中国乌镇围棋峰会上，它与世界围棋冠军柯洁对战，以 3∶0 的总比分获胜（见图 1.2）。围棋界公认 AlphaGo 的棋力已经超过人类职业围棋选手的顶尖水平。

AlphaGo 的胜利对人工智能领域来说具有重大意义。你一定很好奇：人们常说的人工智能是什么？它又有什么技术？本章就带你揭开人工智能的面纱！

（a）AlphaGo对战李世石

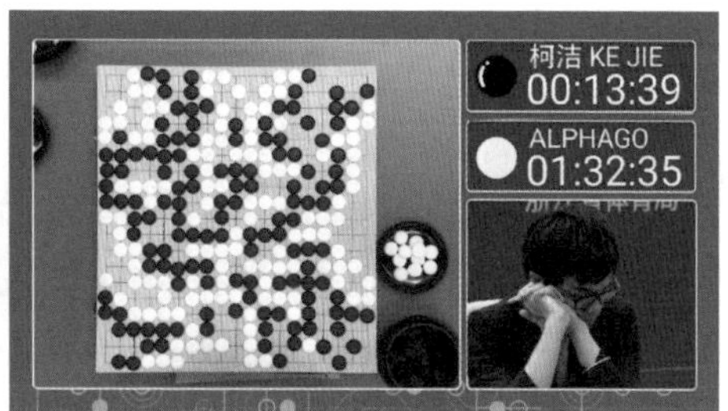

（b）AlphaGo对战柯洁

图 1.2　AlphaGo 人机大战

1.1　什么是人工智能

在我们的日常生活中，随处可见人工智能的应用，那么人工智能是什么呢？简单地说，人工智能（Artificial Intelligence，AI）是认识人自身的学问，正如希腊帕台农神庙石刻上的那句箴言："ΓΝΩΘΙ ΣΑΥΤΟΝ"（认识你自己）（见图 1.3）。

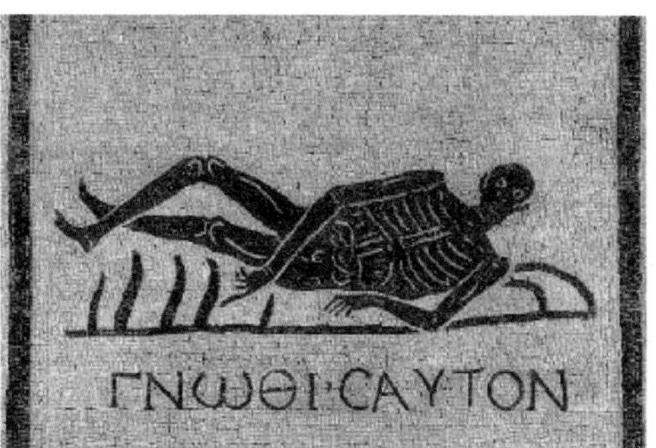

图 1.3　希腊帕台农神庙石刻上的箴言："ΓΝΩΘΙ ΣΑΥΤΟΝ"

1.1.1 人类智能的表现形式

问题

智能是人类区别于其他事物的根本特性。人类智能的起源在哪里？本质是什么？外在表现是什么？

对于人类智能的起源和本质，目前还缺少足够的认识。我们只能看到智能的外在表现，看到人类或其他生物智能体区别于非智能体的能力，而看不到智能本身。

人类智能的外在表现主要体现在以下能力上（见图 1.4）。

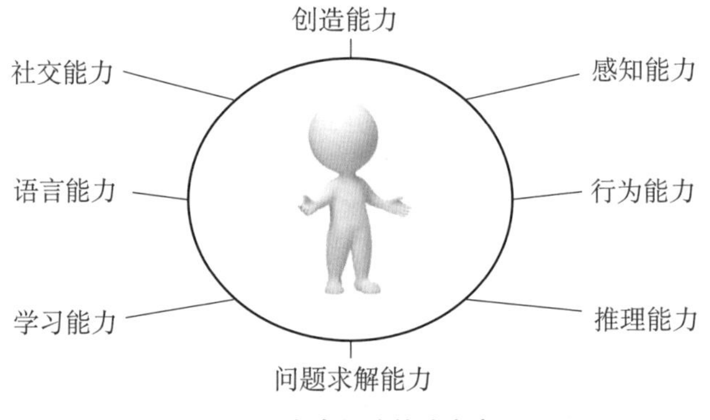

图 1.4 人类智能的外在表现

- 感知能力。感知能力是指人们通过视觉、听觉、嗅觉、味觉、触觉等感觉器官感知外部世界的能力，由此不仅获得相应的信息，而且获得对相应信息的理解，能够将感知到的原始信息认知为相应的语义结果，如认知视觉信息中的物体与场景、理解语言背后的含义等。
- 行为能力。行为能力是指人们在感知外界信息的基础上，运用语言、表情、肢体、动作等行动手段，对环境变化做出反应的能力。通过行动，行动者使外界环境发生了相应的变化。同时，行动者也可能从外界环境中获得某种收益或损失，如行走时摔倒、开车时发生事故等。

- 推理能力。推理能力是指人们从所掌握的事实中获得适当结论的能力。从案件侦办、定理证明等典型推理问题中可获得对这种能力的认识。
- 问题求解能力。问题求解能力是指人们针对特定问题找出解决方案的能力。典型的问题求解案例为“下棋”，人们要解决的问题是如何赢棋，并针对该问题寻求最佳的下棋应对策略。
- 学习能力。学习能力是指人们通过向经验学习、向老师学习、向书本学习等各种学习手段，使得自身某一方面的能力和水平或综合素质越来越强，最终目标是更好地完成任务和适应环境。
- 语言能力。语言能力是指人们创造、理解和驾驭语言的能力。人们通过语言来表达和交流，是行为能力的一种体现，也是社交能力的基础，更是人们思考的一种媒介。从这个意义上说，弄清人类语言能力的本质也是搞清人工智能的关键之一。
- 社交能力。社交能力是指人们通过群体协作来共同解决问题的能力。没有人能孤立地生活在世界上，人类的力量在于群体的力量，离开了人类社会，每个个体都是渺小的，难以战胜自然界中的各种困难，如虎豹豺狼。除了人类，其他很多生物也是群体性的，甚至群体智慧的重要性远远超过个体智慧，这在蚂蚁、蜜蜂、大雁等群居性动物中体现得尤为充分。
- 创造能力。创造能力是指人们能够创造出前所未有的思想或事物的能力。例如，人们能够创作出美妙的乐曲、优美的诗篇；能够发明各种新奇的器物；能够发现这个世界上存在的各种定律、规则；能够提出启发或激励后人的各种思想……这大概是人类智能的外在表现中最难以理解和实现的部分。

思考

对于上述人类智能的每种外在表现，各举出一个实际的例子来说明。在此基础上，思考人类智能是否还有其他外在表现形式。

延伸阅读

柏拉图的洞穴隐喻

人类是渺小的，又因其智慧而是神秘与伟大的。人脑虽小，却可能装着一个小宇宙。图 1.5 是人脑结构图像与宇宙大爆炸早期图像的对比。从中可以看出，两者存在惊人的相似性。这也说明对人类智能的认识将是极其困难的。

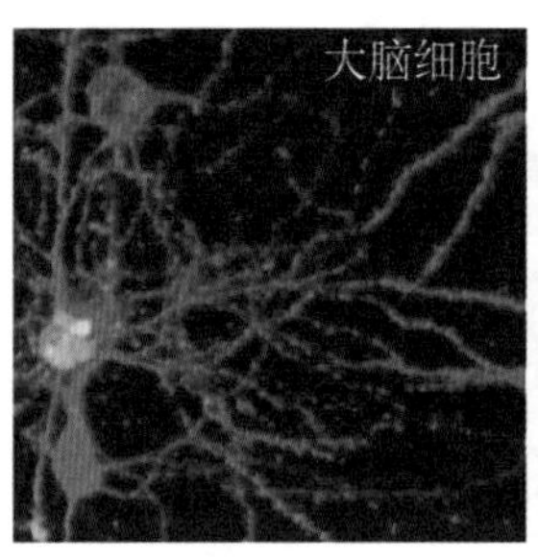

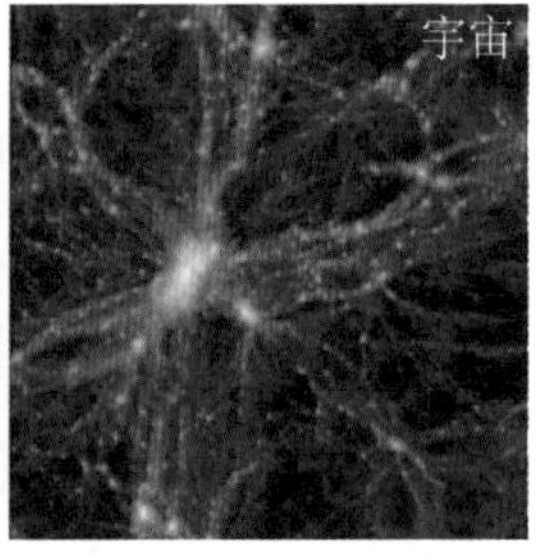

图 1.5　人脑结构图像（左）与宇宙大爆炸早期图像（右）对比

在希腊著名哲学家柏拉图的著作《理想国》中有一个非常有名的隐喻（见图 1.6）：有一群囚徒每天生活在一个洞穴里，他们的头和脚都被捆绑起来，无法动弹。在他们的身后有一堆火，囚徒和火的中间有一堵矮墙。墙下有人举着各种各样的雕像走过，火光将这些雕像投影在囚徒对面的洞壁上，形成各种影像，而囚徒认为这些影子就是实物本身。有一天，一名囚徒离开了洞穴，见到洞外的阳光，开始察觉原来自己一直被影像欺骗，于是他返回洞穴，向其他囚徒讲述自己所看到的真相。但是他惊讶地发现，大家居然都不相信他。

图1.6　柏拉图的洞穴隐喻

正如柏拉图的洞穴隐喻，我们只能在洞中观察智能投射在墙壁上的影子，而不知道洞穴外真正的智能的样子。如果有一天，我们蓦然回首，看见洞穴外的真相，那时或许会颠覆今天我们对人类智能的认识。

1.1.2　从人类智能到人工智能

问题

人工智能是怎么发展起来的？有哪些分支学科？

基于我们只能了解人类智能的外在表现这一事实，人工智能主要是在模拟上述人类智能外在表现的过程中发展起来的，并衍生出诸多分支学科，或者与诸多分支学科交叉在一起。

- 对于感知能力的模拟，有计算机视觉、模式识别等学科。
- 对于行为能力的模拟，有机器人、自动控制等学科。
- 对于推理能力的模拟，有自动定理证明、专家系统、知识工程等学科。
- 对于问题求解能力的模拟，有机器博弈、游戏智能等学科。
- 对于学习能力的模拟，有机器学习、数据挖掘、知识发现等学科。
- 对于语言能力的模拟，有自然语言理解、机器翻译、自动应答等学科。
- 对于社交能力的模拟，有分布式人工智能、群智能等学科。

在这些分支学科中，各有特殊的问题待解决，有些不一定与智能直接相关，而只是智能的外围部件，如各种与感知有关的传感器、与行为有关的执行器等。人工智能本身则是讨论在模拟这些能力时所需要的与智能紧密相关的部分，尤其偏重无形思考的部分，或者具象上类似软件的部分，这样就逐渐发展出了六大人工智能实现途径：机器学习、人工神经网络、符号智能、行为智能、进化计算、群智能。

这六大途径与人类智能的上述外在表现之间的关系，可归纳为以下两种。

- 对人类智能外在表现的直接模拟，包括机器学习（学习能力）、符号智能（推理能力、问题求解能力、语言能力）、行为智能（行为能力）、群智能（社交能力）。

• 提供模拟人类智能外在表现的基础支撑，包括人工神经网络（人脑结构）、进化计算（人类进化机制）。

图 1.7 显示了人工智能实现途径与人类智能外在表现之间的关系。

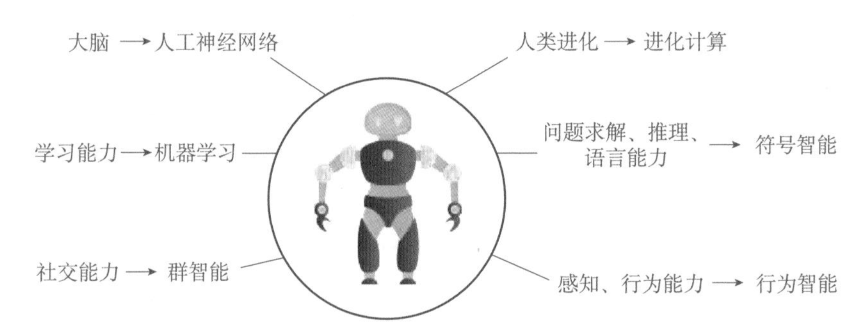

图 1.7　人工智能实现途径与人类智能外在表现之间的关系

思考

简要介绍一下你使用过的人工智能应用，指明其所用技术属于机器学习、神经网络、符号智能、进化计算、群智能、行为智能中的哪个分支，并说明为什么。

延伸阅读

人工智能是否具有创造力

人类一向以自己的创造能力为傲。那么人类的创造能力能不能被模拟？这是一个比较深奥的问题，因为创造力的定义比较复杂，它涉及很多领域。近年来，人工智能领域深度学习的蓬勃兴起，特别是其呈现出的强大的学习能力，使一部分人开始为“人工智能可能具有创造性”而欢呼。在人工智能发展早期，就有人开始探索用人工智能来介入艺术创造活动，如写诗。1993 年，斯科特·特纳（Scott R. Turner）创造了“吟游诗人”（Minstrel）系统，该系统会生成像《亚瑟王》这样的短篇小说。它根据作品的四要素——主题、戏剧性、一致性和呈现，进行小说生成。直到现在，探索人工智能的创造力活动仍然在持续进行。2018年，人们通过生成对抗网络技术（一种神经网络技术）创作了一幅人工智能画作，该作品名称为《埃德蒙·贝拉米肖像》(*Portrait of Edmond Belamy*)。机器在学习了1.5万张肖像画后，自动生成了一批图像，最后选择了这幅画像进行拍卖。

以上是否说明人工智能具有创造力？不同的人有不同的看法，这是一个开放性问题。有的人认为这只是模拟，而有的人认为这是创造。无论如何，人类一直都在努力使机器创造新的可能。

1.2 人工智能实现途径概述

1.2.1 机器学习

问题

通过上一节的学习我们知道，机器学习主要是模拟人的学习能力，那么，它具体是怎么模拟的呢？

学习是人类获取知识、增长智力的根本手段。人们从呱呱坠地、一无所知的婴儿，成长为能解决各种问题乃至能创造新生事物的万物之灵长，依靠的正是强大的学习能力。因此，通过机器学习实现人工智能是一种自然的想法和一条必经的道路。可以设想一种起始为婴儿状态的机器，该机器通过从自我经验中学习、从书本中学习、向老师学习、向他人学习等学习手段，像人一样逐渐成长，逐步增长智力，直至能够很好地解决任务和适应环境。

就像人类在从婴儿成长为成人过程中的不同阶段会使用不同的学习手段一样，机器学习也有着与之类似的不同学习方法。下面将一一介绍。

1. 强化学习

问题

我们在婴幼儿时期是怎么学习的？

强化学习是一种机器根据自身行动所获得的奖励和惩罚来学习最优行为策略的学习方法。这与我们在婴幼儿时期的主要学习方法是类似的。在这一时期，我们的理解能力还不够，只能从外界环境给予我们的行为反馈中知道对错，如获得父母的表扬或被训斥等，从而优化自己的行为，以趋利避害。当然，我们虽然用人类婴幼儿时期的学习来引入强化学习的概念，但实际上这种学习方式是贯穿我们的整个生命阶段的。

例 1.1　机器人行为控制

图 1.8 显示了强化学习的一种经典应用案例。图中的机器人要学会走路而不摔倒。大家知道，类似这样的行为控制能力，是不能通过书本或课堂学习获得的，即使书本或课堂上能告知学习者一些基本的动作方式和规范，但要真正学会走路而不摔倒，只能依靠人的反复练习。在练习过程中，可能成功，也可能摔倒，成功就是奖励，摔倒就是惩罚。根据这种奖励和惩罚，练习者便知道怎样调节

自己的走路行动策略（双腿迈步的力度和角度、身体各部位的协调控制等），以尽可能获得奖励而避免遭受惩罚，从而达到成功率高且尽量不摔倒这一学习目标。

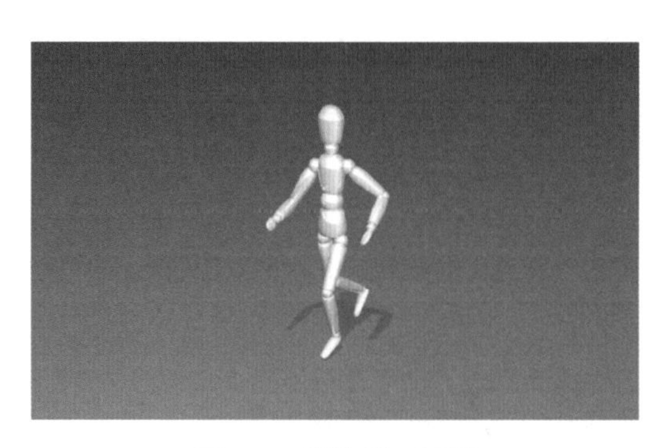

图 1.8　强化学习示例

机器学习中的强化学习方法正是对人类上述强化学习能力的模拟，其核心是最优的行为策略。这种行为策略可以是具象的，如上面所述的人体动作；也可以是抽象的，如人脸识别结果。事实上，所有根据输入获得输出的过程都可以被视为一种行为，因此强化学习虽然起源于机器人的行为控制，但实际可应用于任何希望根据输入获得理想输出的情况。

思考

用自己的话简要总结强化学习方法的思路。

2. 监督学习

问题

我们在课堂上是怎么学习的？

监督学习，类似于人类的求学阶段。此时人类进入学校学习，有老师教育，老师在课堂上会告知学生问题和问题的答案，希望学生能建立问题与其答案之间的联系，从而解答后面可能出现的类似问题。

例 1.2　识字

老师在黑板上写下文字，此为图像形态，需要学生回答的问题是“这是什么字”，即字的图像形态所对应的语义内容。显然，如果没有老师在一开始告知学生这是什么字，学生是无法知道的。因此，老师除了提供文字的图像形态，还会告知文字的图像形态所对应的语义，学生通过这种对应关系就学会了识字，下次遇到同样的文字图像时，便可输出正确的识字结果。

图 1.9 形象地表达了这种学习方式。机器学习中的监督学习正是对人类这种学习方式的模拟，通过人为标注的问题与其答案相对应的数据来学习问题与其答案之间的对应关系，从而解决未知的同类问题。

图 1.9　监督学习示例

思考

监督学习与强化学习的区别是什么？

延伸阅读

数据标注

在应用监督学习时，一项比较烦琐的工作是标注数据，特别是当需要大量标注数据来保证学习效果的时候。数据标注的质量和规模通常是提升 AI 模型应用效果的重要因素。为了解决这一难题，目前机器学习中一个前沿的方向是小样本学习，即通过少量标注样本来学习理想的结果。事实上，人类本身具有很强的小样本学习能力，正如我们在识字时只需要少量样例就可以认识一个字。但是，要让机器达到人类的识字准确率，需要同一个字的大量标注样本。以手写体数字识别的常用数据库 MNIST 为例，每个数字都需要 5 000 个样例才能得到理想的识别率，这显然大大超出了人类所需要的学习样例数量。机器能够模拟人类的这种超强的小样本学习能力吗？怎样实现呢？

3. 非监督学习

问题

没有老师指导，也没有外界环境给予的奖励和惩罚，还能学习吗？

一个“非”字说明了非监督学习这种学习方式与监督学习的根本区别。在非监督学习方式下，学习者面对的只有输入的数据，没有与之对应的标准答案，从而不能根据输入与输出的对应关系来获得两者之间的联系。同时，非监督学习与强化学习也不同，在学习者给出答案（行动）后，没有与答案对错相对应的奖励与惩罚，从而也不能根据奖励与惩罚来调整其行为策略以获得理想的答案。那么，非监督学习的作用是什么呢？它可以让学习者自己从输入的数据中获得有规律的知识，这与人类求学结束后走向工作岗位，需要自行摸索工作中的相应规律类似。

例 1.3　图像聚类

图 1.10 显示了非监督学习的一个例子。在这个例子中，输入了动画片《米老鼠与唐老鸭》中的若干动画形象，其中有 3 种形态的鸭子及米老鼠和兔子，我们可以根据形象的相似性将它们分为鸭子和非鸭子两类。这种根据数据的相似性将其分为若干类别的学习方式就是非监督学习的一种，称为数据聚类。

图 1.10　非监督学习示例：数据聚类

除了数据聚类，还有第二种非监督学习方式——关联规则挖掘，即找出输入数据各组成部分之间的相互依赖关系，从而根据部分输入推算出某种结果，或者根据数据之间的相互依赖关系来获得更好的行动策略。

例 1.4　啤酒与尿布的故事

某公司在对销售数据进行统计分析时，发现客户购买尿布后再购买啤酒的情况较多，说明这两种产品之间存在相互依赖关系。于是该公司调整了商品的摆放方式，将尿布与啤酒放在一起，结果这两种商品的销售额都有了明显的提升，为公司带来了额外利润（见图1.11）。这个案例形象地说明了数据关联规则挖掘的作用，对数据挖掘技术的推广起到了很好的效果。

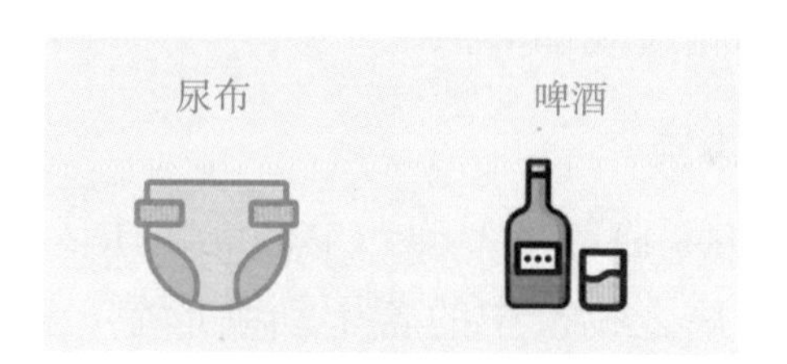

图1.11　非监督学习示例：关联规则挖掘

再如，随着用户网络浏览时间的增长，电商平台向用户推荐商品的精度或新闻资讯平台向用户推荐新闻的精度都在不断提高，这正是利用了关联规则挖掘这种学习方式来挖掘用户的个人信息与喜好之间的关联关系。这里也存在输入与输出之间的对应关系，与监督学习的任务貌似相关，但两者的根本区别在于前者的学习结果是学习者根据输入的数据自行总结出来的，没有监督者的引导。

思考

电商平台应用的推荐技术解决的是非监督学习中的什么问题？

延伸阅读

半监督学习方法

前面说过，数据标注是监督学习中比较烦琐的工作，因为无标签的数据比较容易获取，而有标签的数据收集起来比较困难，人为标注耗时耗力。为了解决这一难题，我们可以使用非监督学习与监督学习相结合的方法，先在少量标注数据上进行监督学习，再在大量未标注数据上进行非监督学习。这里的关键问题是用监督学习得到的模型来对未标注数据进行自动归类，其归类质量的好坏决定了半监督学习方法的效果。

---

4. 不同学习方式的共性

不论采用何种学习方式，“学习都意味着变化”。通过学习，学习主体必然会发生变化，可能是好的变化，也可能是不好的变化，但一定有变化发生。对机器来说也是这样。这种变化的结果主要有两类。

第一类是提升了学习主体的能力，包括：(1) 能处理过去不能处理的问题（更多）；(2) 能更好地处理问题（更好）；(3) 能提高处理问题的效率（更快）。这类结果主要体现在强化学习与监督学习上。

第二类是产生或增加了学习主体的知识，包括：(1) 数据中蕴含的规律；(2) 数据中蕴含的规则。这类结果主要体现在非监督学习上。

因此，在理解与设计机器学习算法时，应围绕“改变什么、怎样改变”的问题来思考，这是理解机器学习的关键。

5. 机器学习的主要技术问题

目前机器学习技术取得了一定的突破，但是也存在一些问题。其有待解决的主要问题是什么？

机器学习中存在的主要技术问题是过学习问题，或者称为机器学习算法的推广性问题，是指机器在学习后，虽然对训练数据表现良好，却对未见过的数据（测试数据）表现不好，而能处理未见过的数据才是机器学习的真正目标。这一问题不能完全通过增大数据量或训练量来解决。图 1.12 显示了这一问题的一个例子，图中实线代表在训练数据上的分类准确率随着训练量增加的变化，虚线代表在测试数据上的分类准确率随着训练量增加的变化。可以看到，当学习到一定时候，训练数据上的分类准确率与测试数据上的分类准确率出现了相反的变化，前者逐步升高，而后者逐步下降！这显然不是我们希望机器学习达到的效果。

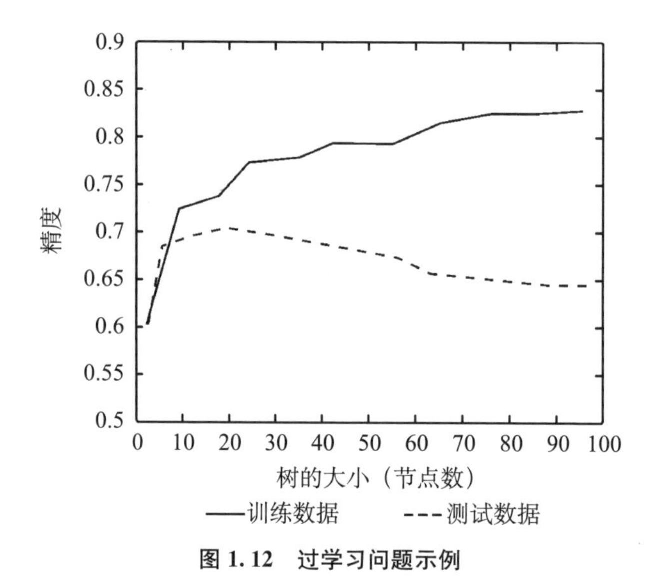

图 1.12　过学习问题示例

练习

在了解了机器学习的几种方法之后，请制作一个表格，对比强化学习、监督学习和非监督学习的相同与不同之处。

1.2.2　符号智能

问题 1

思考是抽象的，人们如何把自己思考的东西表示出来？

人们在思考时，很多时候是借助符号来进行的，以对符号的处理能力来表现人类智能。例如，人类会使用文字来交流，而文字就是符号的一种。

问题 2

符号智能是在人类智能的哪些能力中体现出来的？是如何表示的？

如前所述，在人类的问题求解能力、推理能力、语言能力中体现的正是这种符号处理能力。

1. 问题求解

在问题求解中，我们将待解决的问题及问题的所有可能答案以符号的形式表达出来，再从所有可能的答案中找出最优的一个。

例 1.5　国际象棋

下国际象棋时，待解决的问题是"怎样赢"。为了解决这一问题，我们将下棋过程中的棋盘状态在头脑中以符号的形式表达出来，并推演从当前状态开始的尽可能多的棋盘状态变化过程，最后根据所推演的棋盘状态变化的可能性，找出自己在当前状态下的最优应对策略。图 1.13 显示的是在国际象棋对弈中，棋手从某种状态开始所默想的棋盘状态的变化。注意：这是一种思考过程，而非真正的下棋过程，其思考的结果是在第二行的若干状态中选择一种状态，从而确定当前状态（顶点处的状态）下的下棋策略。

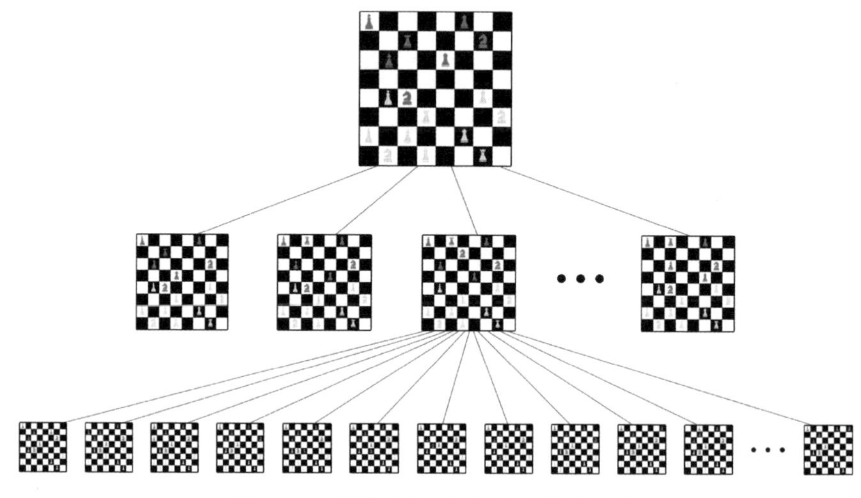

图 1.13　问题求解示例：国际象棋对弈

2. 推理

在推理中，我们将已知事实、知识等用符号表达出来，在此基础上，根据已知事实和知识，利用逻辑手段推理出相应的结论，而结论同样是用符号表达的。因此，推理是从一种符号内容到另一种符号内容的转换过程。

例 1.6　关于农产品的推理

图 1.14 显示了符号推理过程的一个例子。其中，已知事实和规则（知识）是推理依据。推理规则（程序）是人们在已知事实和规则基础上进行符号处理的规则。根据该规则所形成的第一轮推理过程如图中所示，得到的结论是“农产品”。这一结论可加入事实库进行后续的推理，直到没有新的结论产生。

3. 语言

在语言处理中，核心同样是将语言符号从一种形式转换成另一种形式。例如，完成机器翻译，是从一种语言翻译成另一种语言；

已知事实

事实 = (绿色, 重量 5 kg)

第一轮推理

1. 其前提条件得到满足的规则是: ***R1***
2. 执行上述规则不会在事实库中增加重复事实
3. 执行 ***R1***

获得: 事实库 = (***农产品***, 绿色, 重 5 kg)

规则（知识）

R1. IF 绿色 THEN 农产品

R2. IF 包装在小容器里 THEN 精致

R3. IF 需要冷藏或者是农产品 THEN 易腐烂

R4. IF 重 5 kg 并且不贵并且不易腐烂 THEN 谷物

R5. IF 重 5 kg 并且是农产品 THEN 西瓜

推理规则（程序）

1. 找出所有其前提得到满足的规则
2. 删除会在事实库中增加重复事实的规则
3. 如果仍剩下多条规则，则保留编号最小的规则，并执行该规则，即将规则的结论放入事实库中
4. 重复以上步骤

图 1.14　推理示例

完成自然语言理解，是根据符号的外在表现形式获得其背后所蕴含的语义，理解表达者的意图。

符号智能只是模拟人类符号处理能力的途径之一，机器学习、人工神经网络等非直接技术手段也可实现这一目的。事实上，近年来机器学习、人工神经网络在问题求解、推理、语言智能等领域已有越来越多的应用。但这并不意味着符号智能不再值得重视，在新技术的应用上还需要与符号智能融合，如问题及其可能答案的表示方式、搜索手段、推理逻辑等。归根到底，对符号的处理，尤其是对知识的表达和运用，是人类智能的根本属性之一。要想得到越来越好的人工智能，需要不同实现途径的交叉与融合。

思考

除了上面几种用符号表示的例子，你身边还有什么人工智能应用了符号智能技术呢？简要描述一下。

延伸阅读

物理符号系统假说

符号智能是对上述通过符号处理来表现的人类智能的直观模拟，即直接模拟其符号处理机制与过程。为此，纽维尔和西蒙提出了物理符号系统假说，认为“所有智能实体都是物理符号系统，智能来自对符号信息的处理。通过用符号来表示知识，并进行基于符号的推理，可以实现人工智能”。而计算机本质上就是进行符号处理的机器，从其最根本的原理来说，是对二进制符号串的处理。因此，计算机在诞生之初，就埋下了符号智能的种子。符号智能也是目前研究时间最长的人工智能实现途径，早期的人工智能研究成果大多集中在符号智能上，目前它仍在继续发展，并与其他实现途径不断交叉融合。

1.2.3 群智能

问题

单一个体能够解决所有的问题吗？群体协作的优势体现在哪里？

群智能是对生物智能中的社交能力的模拟。以上所述的各实现途径均是通过单一个体解决问题的。即使是具有群体性的进化计算，也只是通过群体的繁殖和进化来提高单一个体解决问题的能力。相反，群智能则立足于通过个体之间的协作来解决问题，不强调单一个体的能力，而强调群体智慧。

事实上，人类本身既具有很强的个体智能，又因为结成社会而在整个群体的意义上具有更强的智能。单一个体尚不具备完全战胜自然界挑战的能力，没有群体中不同个体的发明创造与相互协作，人类在大自然面前只能瑟瑟发抖。互联网的巨大威力，不在于其通信的便利，而在于这种通信手段使人们相互协作变得更加容易，人类的群智能更加发达，形成了一个巨大的互联网大脑。图 1.15 显示了互联网的连接状态，该图景与图 1.5 所示的人脑结构图像和宇宙大爆炸的早期图像存在某种神秘的相似性。

图 1.15　互联网活动图

思考

一个有趣的问题是：人类是因为拥有智慧，所以要结成社会，还是因为生活在社会中，所以才是智慧的？

群智能在某些个体智能很低而群体智能明显的生物身上表现得更加清晰，比较典型的有两类生物现象（见图 1.16）。第一类是类似大雁、鱼等群体的集体行动，其行动是整齐优雅的，但其中没有一个指挥者，每个个体都是按照与其他个体的通信和一套共同遵守的简单规则来运动的；第二类是类似蚂蚁等群体的寻优能力，蚂蚁可以找到从其巢穴到食物源的最短路径，而事实上每只蚂蚁都只具有很小的脑容量，没有路径规划能力，它们只根据自己与其他个体的通信和一套简单的行走规则便能迅速找到最短路径。

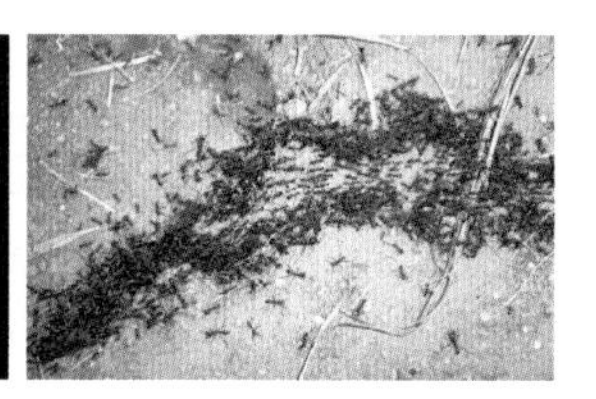

图 1.16　生物群体智慧示例

上述两类生物群体智慧给我们提供了两种新的解决搜索问题的群智能思路。一种是模拟大雁或鱼的集体运动机制，通过个体的运动来模拟解的变化，通过群体之间交换解的质量来调整运动速度以达到群体协作搜索的目标；另一种是探索蚂蚁寻找最短路径的奥秘，将其以计算的形式加以模拟来解决最短路径寻优及其代表的一大类搜索问题。

对人类及其他生物群智能的模拟，导致了两种群智能的实现形式。一种是群智能系统，由多个智能体相互协作或竞争以完成任务，如分布式问题求解、分布式人工智能系统、机器人足球比赛等。另一种是上面所述的群智能搜索，模拟群体智慧以解决搜索问题，具体表现包括模拟群体运动的粒子群优化算法、模拟蚂蚁觅食的蚁群优化算法等。

群智能与其他人工智能实现途径的最大差别在于强调通信。显然，只有通过通信，个体才能结成群体，通信及建立在通信之上的协作、协调、竞争机制决定了群智能的方式与优劣，因此可以将群智能理解为“智能体＋通信”，这里的通信包括协作、协调、竞争等与群体协作相关的一切事务。智能体可以采用其他技术途径来实现，而群智能的核心则在于使智能体之间结成更高群体智能的通信机制。

思考

1. 再举出一些集体行动的低等生物的例子，说明它们是如何协作的。

2. 人类群智能与低等生物群智能的区别是什么？

延伸阅读

蚁群算法创始人之一：马尔科·多里戈

马尔科·多里戈（Marco Dorigo）对蚁群算法贡献巨大，被称为蚁群优化的创始人和国际上群体智能概念的首创者之一。1991年马尔科·多里戈在意大利米兰理工大学攻读电子工程博士学位时提出了蚁群算法。博士毕业后，他在比利时布鲁塞尔自由大学工作，担任IRIDIA实验室研究主任。自1996年至今兼任比利时-法兰西共同体科学研究基金会F. R. S. -FNRS终身研究员。目前他的主要研究方向包括两个方面：群体智能和群体机器人。他在*Nature Communications*和*Nature*等国际上具有极高影响力的期刊发表论文130余篇。

马尔科·多里戈获得了多个具有影响力的奖项：1996年获得意大利人工智能奖，2003年获得欧盟居里夫人优秀奖，2005年获得比利时应用科学博士A. DeLeeuw-Damry-Bourlart奖，2007年获得Cajastur国际软计算奖，2010年获得ERC高级资助，2015年获得IEEE弗兰克·罗森布拉特奖，2016年获得IEEE进化计算先驱奖。

1.2.4 行为智能

问题

人类行为产生的过程是怎样的？机器人的行为是如何控制的？

行为智能是对人类的感知与行为能力的模拟。人类的行为是从感知到行动的过程，即在感知到外界环境发生变化时，做出恰当的反应。例如，在开车过程中，当车辆前方出现障碍物时，人们会做出刹车的动作。这种从感知到行动的反应能力正是行为智能所要解决的问题，而且这种反应能力可能并非来自大脑的思考和控制，而是某种独立的行为控制能力。设想当车辆前方出现障碍物时，如果还要先经过大脑的慎重思考再做出刹车的动作，则很可能已经发生事故了。因此，虽然行为智能也可以通过其他方式实现，如利用前述符号智能通过推理手段实现感知（事实）到行动（结论）的映射，但此处所说的行为智能专指直接实现从感知到行动的映射的方法。这一问题在机器人的行为控制上尤为重要，因此行为智能最早也来源于机器人控制领域。

建立了感知与行动之间的直接对应关系，机器人便能在环境中自主行动，成为所谓的"具身智能"。这与无实体的非具身智能系统形成了鲜明对照。非具身智能本身不具有感知环境及与环境进行交互的能力，所表现的只是一种抽象的智能，其对环境的感知及在环境中的行动需要借助人通过键盘、鼠标、显示器、打印机等输入/输出设备来实现。行为智能则试图构造位于真实世界中的智能实体，能够不需要人的帮助和干预而独立地在环境中实时做出恰当的反应。显然，这才是我们需要的真正的行为智能。

在行为智能中，还存在“终身学习”的概念。我们所处的环境总是在变化，场景可能变化，摆设可能变化，进进出出的人或事物可能变化，等等。机器人面对的真实环境同样如此，这就需要机器人通过学习手段不断适应环境的变化，从而在环境中做出适当的行为。另外，这种学习主要依靠的是前面所述的强化学习方法，即通过从环境中感知到的奖励和惩罚实时调整其行为策略来达到适应环境的目标。

思考

符号智能与行为智能的本质区别是什么？举例说明。

延伸阅读

昆虫机器人——“成吉思汗”

行为智能的早期代表人物、美国麻省理工学院人工智能实验室的罗德尼·布鲁克斯（Rodney Brooks）提出了“无须表示的智能”的口号，使机器行为控制从基于符号智能的方式转向直接的行为智能方式。在这种思想的指导下，他构建了一系列智能机器。例如，他做出了一个由150个传感器和23个执行器构成的像蝗虫一样六足行走的机器虫，称为“成吉思汗”（见图1.17）。该机器虫虽然不具有像人那样的推理、规划能力，但其应对复杂环境的能力大大超过了原有的机器人，在自然的、非结构化的环境下，具有灵活的防碰撞和漫游能力。“成吉思汗”没有用中央控制器来控制机器人中所有可能的功能，尤其是腿部功能。取而代之的是，每条腿都有自己的内置传感器，可以感应行进中的各种障碍。每条腿都具有一些基本的行为编程，并且知道如何根据传感器反馈在不同的情况下做出反应。走路的动作成为所有腿之间的协调努力，从而使机器人运动。

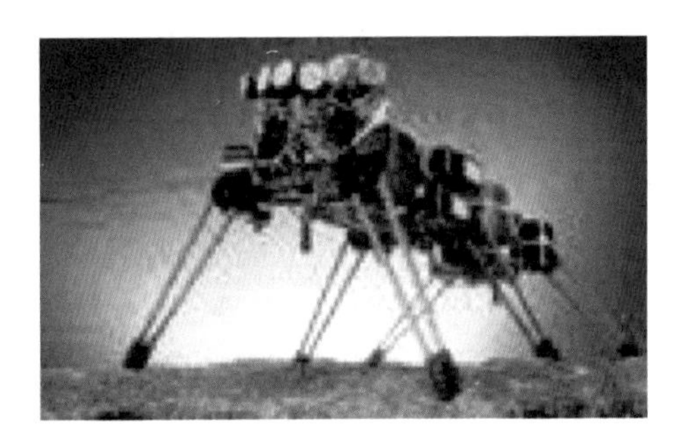

图 1.17　罗德尼·布鲁克斯的昆虫机器人“成吉思汗”

1.2.5　神经网络

1. 人脑神经机制

问题

人类大脑是如何传递信号的?

大脑被认为是人类思考的中枢，因此通过对人类大脑结构的模拟来实现人工智能是一种自然的想法和可能的解决途径之一。如图 1.18（a）所示，人类大脑是由大量神经细胞（神经元）广泛连接形成的，神经元的结构及神经元之间的关系如图 1.18（b）所示。神经元中最主要的部分是树突、轴突和细胞体，它们分别起到信号输入、输出和处理的作用。我们有时将树突和轴突统称为突起。

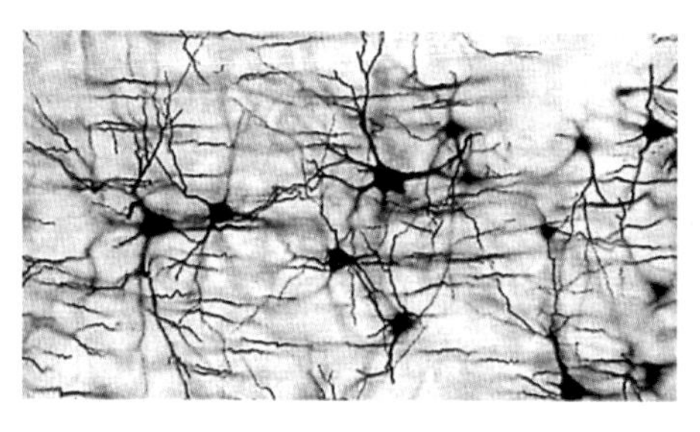

(a) 神经元网络

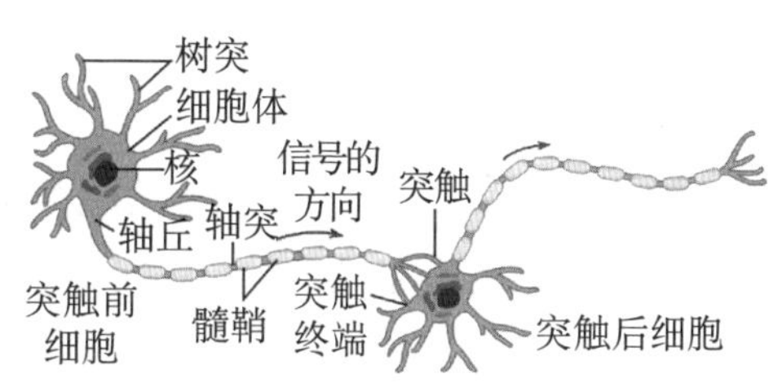

(b) 神经元

图 1.18　人类大脑系统

细胞体是生物神经元的主体，由细胞核、细胞质和细胞膜组成，直径为 4～150μm。细胞体的内部是细胞核，由蛋白质和核糖核酸构成。细胞核周围是细胞质。细胞膜则相当于细胞体的表层，生物神经元的细胞体越大，突起越多、越长，细胞膜的面积就越大。轴突是由细胞体向外延伸出来的所有神经纤维中最长的一支，用来向外输出生物神经元所产生的神经信息。轴突末端有许多极为细小的分支，称为神经末梢（突触末梢）。每条神经末梢可与其他生物神经元的树突形成功能性接触，为非永久性的接触，接触部位被称为突触。树突是指由细胞体向外延伸的除轴突外的其他所有分支。树突的长度一般较短，但数量很多，它是生物神经元的输入端，用于接收从其他生物神经元的突触传来的神经信息。

神经元中的细胞体相当于一个处理器，它对来自其他各个生物神经元的信号进行整合，在此基础上产生一个神经输出信号。由于细胞膜将细胞体内外分开，因此，在细胞体的内外具有不同的电位，通常内部电位比外部电位低。

思考

与同学讨论当受到某触觉刺激时你体内信号的传递过程。

延伸阅读

神经细胞信号传递过程

细胞膜内外的电位之差称为膜电位。无信号输入时的膜电位称为静止膜电位。当一个神经元的所有输入总效应达到某个阈值电位时，该神经元变为活性细胞，其膜电位将自发地急剧升高，产生一个电脉冲。这个电脉冲又会从细胞体出发，沿轴突到达神经末梢，并经与其他神经元连接的突触，将这一电脉冲传给相应的生物神经元。图 1.18（b）中的信号方向显示了在突触前细胞与突触后细胞之间的这种信号传递过程：神经冲动传到神经末梢时，突触前膜发生兴奋→前膜对 Ca^{2+} 通透性增大，Ca^{2+} 由突触间隙流入突触小体→突触小泡的递质向突触间隙释放→化学递质与突触后膜的特殊受体结合带→突触后膜对钠离子和钾离子尤其是钠离子通透性增大→突触后膜电位发生变化，即兴奋性或抑制性突触后电位。至此完成了信号传递的过程。

2. 人工神经网络

问题

计算机是如何模拟人类神经网络的呢?

人工神经网络是对人类大脑系统进行模拟的产物。首先是对生物神经元的模拟，人们将其抽象为一个计算单元，接收多个输入信号，进行综合计算后形成一个输出信号。其次是对整体结构的模拟，将许多人工神经元广泛互连在一起，抽象成一种网络结构，这也是“神经网络”名称的由来，也因此常被称为“连接主义”。

在这样一种基本的网络构造模式下，人工神经元的具体连接方式存在较多的变化。例如，根据网络中是否存在回路，有反馈网络与前馈网络之分，存在回路的为反馈网络，不存在回路的为前馈网络；根据前馈网络的层数不同，可将网络区分为浅层网络与深度网络，4 层及 4 层以下的为浅层网络，4 层以上的为深度网络。目前，深度网络大行其道，在很多应用中表现优异，几乎成了人工神经网络乃至人工智能的代名词，但我们不应因此而忽视其他网络类型。以上关于人工神经元具体连接方式的问题统称为结构问题。

除了结构问题，人工神经网络的第二个大问题是学习问题，即如何确定神经网络中的参数，主要是确定神经元之间的连接权值。由于网络参数通常数量巨大，这些参数的确定需要依赖机器学习方法，即在应用神经网络解决具体问题的过程中，根据其表现优劣对网络参数进行调整以使其趋于最优。因此人工神经网络技术与机器学习技术密不可分，虽然机器学习可应用于除神经网络以外的其他方面，但神经网络却离不开机器学习的支持，只有经过学习，人工神经网络才能有效解决问题，正如我们人类的大脑必须经过学习才能具备解决问题的能力一样。作为机器学习问题，可采用机器学习途径中发展出来的方法，同时由于神经网络的特殊性，在神经网络的学习中也有一些特殊的方法，如模拟大脑学习与工作特性的 Hebb 学习、竞争型学习等。不论其灵感来自何处，神经网络的学习方法都可归入监督学习、非监督学习、强化学习这三大类。

解决了网络结构问题与参数学习问题，我们就获得了解决具体问题的人工神经网络模型。由于人工神经网络的发展离不开机器学习，因此有时也将人工神经网络作为机器学习的一个分支。但从思想源头来看，两者是两种不同的人工智能实现途径。此外，机器学习方法是可以不依赖人工神经网络而独立应用于其他技术途径或问题的。

思考

当未来机器构建出真正的大脑时，你能想象未来世界是什么样子的吗？

延伸阅读

神经计算芯片

图 1.19 显示了斯坦福大学的“硅谷之脑”项目研发的神经计算机硬件，图中手指上展现的是该神经计算机的核心神经计算芯片，它复制了人类大脑的结构，使用类似神经元动作电位的神经元脉冲相互交流。这种脉冲行为允许芯片消耗极少的能量，并且即使将之拼接成非常大规模的系统，也能保持节能。这个神经计算芯片包含 1 280 个

图 1.19 “硅谷之脑”项目研发的神经计算机硬件

神经元，神经元的特性及连接方式可以通过外部编程写入，神经元的活动状态还可实时可视化地呈现出来，从而为该神经计算机在实际中的应用提供了便利。这一例子代表了未来神经计算机的可能形态。

1.2.6 进化计算

问题

人是智慧的，但智慧的人是从哪里来的呢？

1. 生物进化理论

搞清楚人类智慧的来源，并将其以某种形式模拟出来，便有可能获得智慧的机器。达尔文的生物进化论告诉我们：人类是从低等生物逐步进化而来的。因此，如果能够模拟人类的进化过程（见图1.20），使机器从没有智能发展到低等智能再发展到高等智能，不也是一种有效的人工智能实现途径吗？进化计算正是这种思想的产物，将生物学与人工智能相结合，模拟生物进化过程，借助进化论和遗传学的有关理论，通过智能体一代一代的遗传和进化，逐渐获得越来越好的智能体，因此进化计算也被称为模拟进化。

图1.20 人类的进化过程

生物进化理论的核心是遗传和选择，通过遗传从上一代个体产生新的下一代个体，再通过自然选择实现优胜劣汰，使环境适应能力强的个体不断繁衍，使更优的基因得以不断遗传和演化，从而使得群体的能力一代一代得到优化与完善。与之类似，进化计算也是利用遗传和选择机制来实现机器的进化的。

以图 1.21 所示的机器人形体进化过程为例，我们首先随机生成一些形体结构，构成作为进化基础的形体群体。每种形体用“图”这一数据结构来表示。然后通过遗传机制，在这组形体群体中产生新的形体。具体的遗传机制主要包括重组和突变两类，其中重组涉及两个个体，将两个个体的基因结合在一起；突变则仅涉及一个个体，对该个体的基因中的部分元素进行改变。这就类似人类后代的形成：子女继承了父母两人的基因，具有两人的特点，又对重组后的基因进行了改变，从而具有自身的特点。在获得新形体后，对新

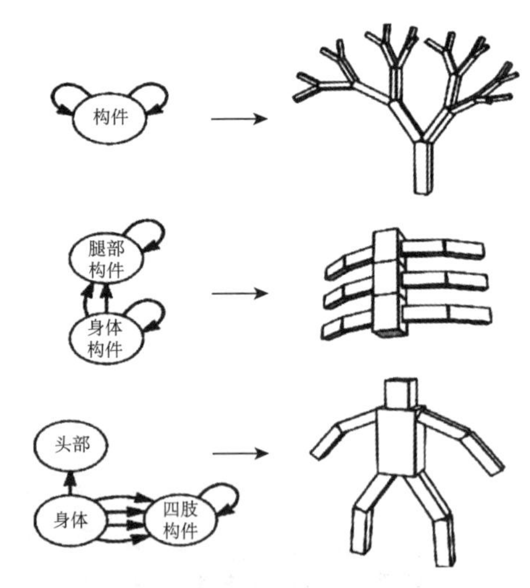

(a) 表示形体的数据结构　(b) 实际的形体

图 1.21　机器人形体进化过程

形体的性能进行测试，如测试其行走能力等，根据测试结果确定新形体的优劣，再基于新形体的优劣确定进入下一代的形体群体。如此一代一代繁衍，最终获得理想的机器人形体。按照生物进化理论，人类形体的形成过程应该也是这样的。

2. 进化计算

我们希望通过进化计算完全实现机器智能的自我进化，但这一点目前还较难实现。因此，目前主要是将进化计算原理用于人工智能中搜索问题的解决，即在所有可能解中找到最优的或至少可行的解。如前所述，这是人工智能中居于核心地位的技术问题。事实上，上面的机器人形体问题也是一个搜索问题，即在所有可能的机器人形体中找到最优形体。

除了以软件方式模拟生物进化，我们甚至还可以利用这种进化计算的思想来构建新型计算机，完全采用生物进化的机制和手段来实现计算。我们知道进化的基础是基因，基因的载体是脱氧核糖核酸（Deoxyribo Nucleic Acid，DNA）。因此，可以将待计算的问题及其可能的答案用 DNA 序列表示，然后让其进行生物化学反应，进行 DNA 序列的发展进化，最后从 DNA 序列群体中选出最好的答案。这便是 DNA 计算机。图 1.22 是 DNA 计算机的雏形。首先在试管中准备好多个 DNA 序列，每个序列对应待求解问题的一种答案。然后使其进行生物化学反应，使 DNA 序列不断繁衍进化。最后利用生物化学手段从进化得到的 DNA 序列群体中挑出最好的 DNA 序列，从而得到最优解。这与我们当前所认识的计算机的区别是多么巨大啊！

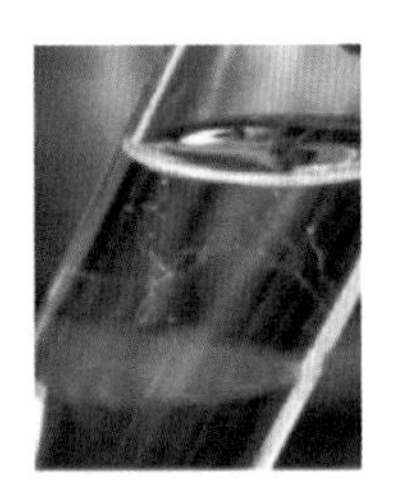

(a) 形成初始DNA序列

(b) 进行生物化学反应形成更多DNA序列

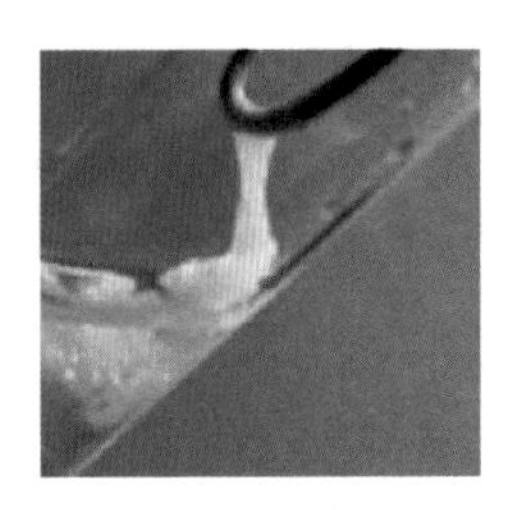

(c) 取出对应最优结果的DNA序列

图 1.22 DNA计算机的雏形

思考

人类进化的核心过程是怎样的？如何利用计算机模拟遗传和选择机制？

延伸阅读

人工生命

进化计算的发展不仅对发展人工智能有益，对探索人类起源和验证生物进化理论也有价值。我们可以用进化计算的手段来推演人类的发展进化过程，从而搞清楚人类是怎样形成现在这个样子的，甚至还可以搞清楚人类发展进化的不同可能性，即获得在人类的起源与演化过程中发生变化可能导致的不同结果。这一学科分支被称为人工生命（Artificial Life）（见图1.23）。人工生命是指通过人工模拟具有生命系统特征的过程与系统来探索生命奥秘的学科领域。同时，探索人类自身也是人工智能的使命和归宿。因此，对人类的认识和在对人类的认识基础上发展人工智能互为反面，两者相互促进。从这一点来说，进化计算还有很长的路要走。

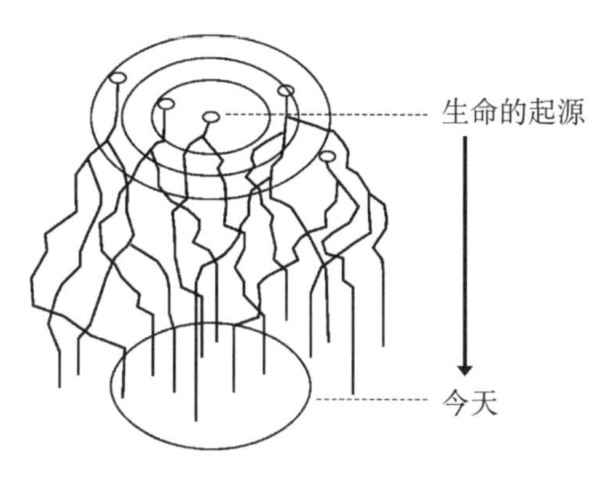

图 1.23　人工生命与人类进化

1.3　人工智能实现途径的结合

问题

前面介绍了人工智能的不同技术，现实生活中的人工智能应用的是单一的技术吗？这些技术是否可以或应该结合起来？

目前人们生活、学习等多领域的人工智能应用，通常需要利用多种人工智能实现途径的结合来达到更好地解决问题的目的。例如，本章开头提到的 AlphaGo 就是符号智能与人工神经网络、机器学习相结合的产物，通过这种组合解决了单纯符号智能中存在的搜索难题。下面通过自动驾驶汽车、微软小冰这两个有趣的应用，进一步说明将多种不同的人工智能实现途径结合起来解决问题的思路。

1.3.1 自动驾驶汽车中的人工智能

自动驾驶汽车是人工智能技术在汽车行业、交通领域的延伸与应用，近几年在世界范围内受到密切关注。自动驾驶汽车不需要人类操作即能感测环境并导航，它是一个集环境感知、规划决策、多等级辅助驾驶等功能于一体的综合系统，集中运用了人工智能、计算机、现代传感、信息融合、通信及自动控制等技术，是典型的高新技术综合体。自动驾驶汽车模拟如图 1.24 所示。

图 1.24 自动驾驶汽车模拟

在自动驾驶中，应用人工智能技术的典型场景主要有三种，分别是感知处理、决策规划和控制执行。感知处理是指自动驾驶车辆解析传感器原始信息，这些信息用于表示车辆周围环境的状态，并持续跟踪车辆发生的状态变化。决策规划的任务包括自主进行车辆操作所需的所有计算，具体表现为执行特定驾驶场景的运动轨迹、路线规划等。在规划好路线轨迹后，需要有相应的模块执行此决策，这就是控制执行模块的任务。自动驾驶是行为智能的体现，所解决的核心问题是从感知到行为的映射。目前，基于人工神经网络与机器学习的深度学习技术是自动驾驶的主流技术，以上三种典型场景主要依靠深度学习技术实现。

1.3.2 微软小冰中的人工智能

微软小冰又叫小冰框架（Avatar Framework），是一套人工智能交互主体基础框架（见图1.25）。该框架具有完整性、面向交互全程的特点，能够给用户提供较好的体验。它主要包括核心对话引擎、多重交互感官、第三方内容的触发与第一方内容的生成、跨平台的部署解决方案等。随着技术的发展，微软小冰不断更新，在性能和功能上不断完善，如赋予了音乐人、主持人、画家、设计师、记者、儿童有声读物创作者等多样的社会化角色，满足人们多样化的需求。值得一提的是，微软小冰通过人工智能框架体系，可以在各种复杂的场景中实现高度拟人的交互，这也是微软小冰的一大特色。

图1.25 微软小冰

微软小冰主要是符号智能中自然语言处理的体现。在对话系统方面，利用人工神经网络和机器学习，通过不断的学习更新，实现对用户问题进行语义理解，并在此基础上提供准确的答案；在核心对话引擎方面，能够有效地预测、保持并引导对话，而不是仅仅实现回应。此外，分层知识图谱技术使小冰框架中的人工智能主体在引导对话时的全程完成率接近人类表现。

思考

1. 上述两个应用分别模拟了人类的什么能力？涉及哪些智能？

2. 除了这两个应用，还有哪些结合了多种人工智能实现途径的应用？请简要介绍。

延伸阅读

自动驾驶技术的安全与伦理问题

对于自动驾驶技术的快速发展，既要看到它为人类提供的便利，也要重视其引起的一些问题。第一，网络安全问题。一些不法分子可能会利用人工智能技术中的漏洞，操纵自动驾驶车辆，或者直接实施恶意攻击和伤害，或者提供错误的数据，降低决策的准确性，造成道路安全事故。第二，道德问题。有驾驶经历的人都知道，交通不可能时时刻刻都是有序的，难免会遇到一些复杂、紧急的情况。例如，当车辆不可避免地面临可能造成人员伤亡的交通事故时，自动驾驶系统在决策时是选择撞少数人还是多数人？这是一个道德决策问题，作为有负责意识的人有时都很难判断，那车辆呢？类似这样的问题给相应的道德标准与法律约束及其与人工智能产物的关系界定带来了挑战，值得我们深思。这些安全与伦理问题应该在自动驾驶技术普及之前得到妥善解决。

练习

撰写一篇人工智能应用的综述，要求如下。

1. 小组分工。
2. 查找人工智能 6 种实现途径的具体应用。
3. 自主选择其中一些应用，尝试分析其技术原理。
4. 畅想人工智能的发展。

第 2 章

人工神经网络与机器学习

知识地图

本章首先介绍什么是人工神经网络，从人脑神经元谈起，阐述人工神经元的结构与原理，在此基础上说明人工神经网络的两种结构，重点说明本章应用中采用的卷积神经网络。其次介绍机器学习的主要思想，说明监督学习、非监督学习、强化学习方法的技术要点，重点解释本章所用的监督学习方法——误差反向传播算法。最后说明如何将上述原理应用于实现人脸识别与语音识别，并在此基础上进行智能小车控制，给出完整的实践流程。

本章知识地图如图 2.1 所示。

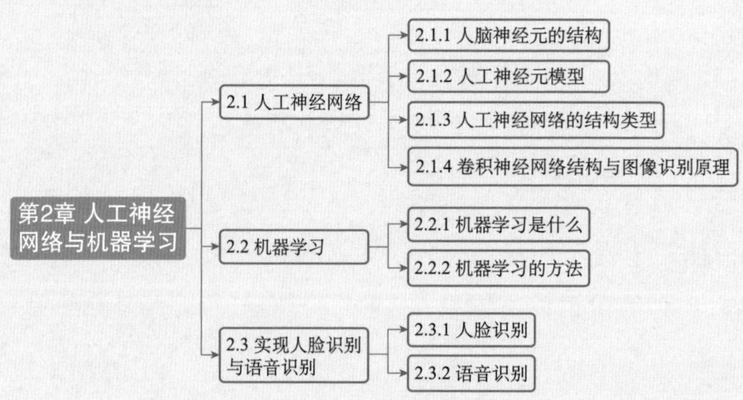

图 2.1 “人工神经网络与机器学习”知识地图

学习目标

知识与技能：

1. 理解人工神经网络的起源与构成。

2. 理解机器学习算法的思想与原理。

3. 了解人工神经网络与机器学习的关系。

4. 能应用人工神经网络与机器学习实现人脸识别、语音识别及类似应用。

过程与方法：

1. 通过理论知识的学习，使学生掌握人工神经网络与机器学习技术。

2. 通过对智能小车应用实例的实践，使学生能实际应用人工神经网络与机器学习技术。

情感与态度：

1. 正确认知人工神经网络与机器学习技术的价值。

2. 提高对人类大脑与学习机制的探究兴趣。

体验

人脸识别和语音识别是目前人工智能的两种主流应用和体现。图 2.2 是利用人脸识别与语音识别控制智能小车的案例，其中人脸识别用于识别智能小车的主人，根据手机摄像头拍摄的人脸图像，确定当前使用者是否为小车主人，只有小车主人才能对小车进行控制；语音识别用于识别小车主人发出的控制指令，根据手机听筒获得的声音信号，识别其所对应的控制指令类别。

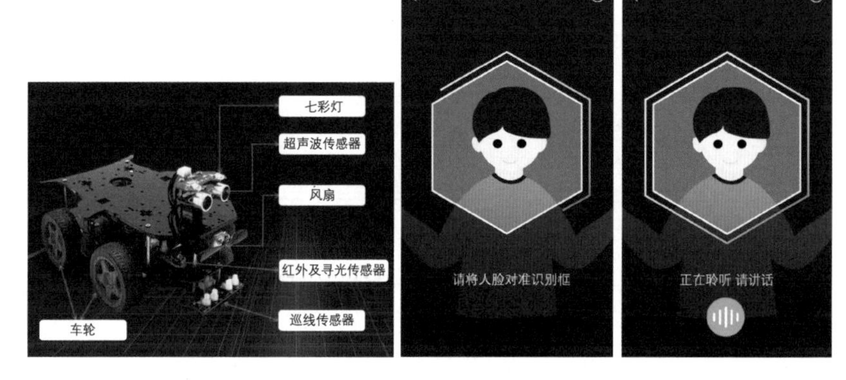

图 2.2　利用人脸识别与语音识别控制智能小车

那么，在智能小车的人脸识别与语音识别背后，是怎样的人工智能技术在起作用呢？

2.1　人工神经网络

问题

大脑是我们的思考器官，能否模仿大脑的结构和工作机制来实现人工智能？

人工神经网络与机器学习密不可分，机器学习不仅可应用于神经网络，亦可应用于其他方面，但神经网络却离不开机器学习的支持，就像人的大脑只有经过学习才能具备解决问题的能力一样，人工神经网络也只有经过学习才能有效解决问题。

人工神经网络是在模拟人脑神经系统的基础上实现人工智能的

途径，因此认识和理解人脑神经系统的结构与功能是实现人工神经网络的基础。现有研究成果表明，人脑是由大量生物神经元经过广泛互连形成的。基于此，人们首先模拟生物神经元形成人工神经元，进而将人工神经元连接在一起形成人工神经网络，因此这一实现途径也常被称为“连接主义”。

2.1.1　人脑神经元的结构

问题

大脑是怎样构成的？

大脑属于神经系统。生物神经系统是由神经细胞和胶质细胞构成的系统。胶质细胞在数量上大大超过神经细胞，但一般认为胶质细胞在生物神经系统的机能上只起辅助作用，而将神经细胞作为构成生物神经系统的基本要素或称基本单元，因此神经细胞又被称为神经元。生物神经系统表现出来的兴奋、传导和整合等功能特征都是生物神经元的机能。

生物智能与生物神经系统的规模有着密切的关系，即与生物神经系统中神经元的个数有关。一般而言，高等生物较之低等生物，其神经系统拥有更多的神经元。例如，海马的神经系统只有 2 000 多个神经元，而人脑大约拥有 10^{10} 个神经元。

生物神经元的形状和大小多种多样，但在组织结构上具有共性。图 2.3 显示了生物神经元的基本结构及两个生物神经元之间的信号传递过程。图中最主要的部分是树突、轴突和细胞体。轴突是由细胞体向外延伸的所有神经纤维中最长的一支，用来向外输出生物神经元所产生的神经信息。树突是指由细胞体向外延伸的除轴突以外的其他所有分支。有时树突和轴突统称为突起。细胞体是生物神经元的主体，相当于一个处理器，它通过树突接收来自其他各个生物神经元的信号，整合后通过轴突向外输出一个信号。图 2.3 中的信号方向显示了神经细胞之间的这种信号传递过程。

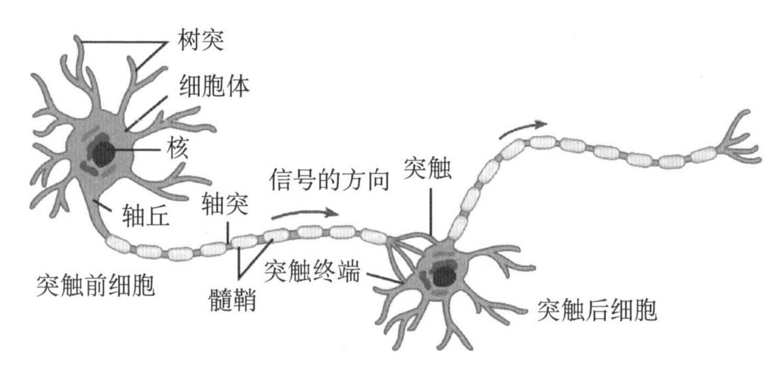

图 2.3　生物神经元的基本结构及两个生物神经元之间的信号传递过程

思考

神经细胞的突触起什么作用？

延伸阅读

星形胶质细胞

除了神经元，星形胶质细胞也是大脑的重要组成部分。星形胶质细胞是大脑和脊髓中特征性的神经胶质细胞，是大脑中数量最多的细胞类型。人类的星形胶质细胞比啮齿动物的大 20 倍以上，并且与超过 10 倍数量的突触接触。大脑中星形胶质细胞在神经胶质细胞中的占比没有明确的定义。研究发现，星形胶质细胞的占比因大脑区域而异，大约占所有神经胶质细胞的 20%～40%。

星形胶质细胞执行许多功能，包括与神经突触的接触与调节、形成血脑屏障的内皮细胞的生化控制、为神经组织提供营养、维持细胞外离子平衡及调节脑血流。载脂蛋白E将胆固醇从星形胶质细胞转运到神经元和其他神经胶质细胞，调节大脑中的细胞信号传导。根据三方突触的概念，单个星形胶质细胞包裹着多个神经元和树突，接触超过10万个突触。通过这些接触，星形胶质细胞监测和调节神经元与突触的功能，主动控制突触的传递。星形胶质细胞受到来自突触的神经递质刺激时会产生Ca^{2+}，当Ca^{2+}浓度超过一定阈值时，星形胶质细胞会释放胶质递质来调节突触的功能，如突触形成和微调。

2.1.2　人工神经元模型

问题

能否将生物神经元用机器的方式实现？

1943年，美国神经生理学家麦卡洛克（McCulloch）和数学家皮茨（Pitts）合作，根据当时已知的生物神经元的功能和结构，运用自己的想象力，提出了模拟生物神经元的简化数学模型，被人们称为“McCulloch-Pitts神经元”，简称“M-P神经元”。

M-P神经元模型如图2.4所示。

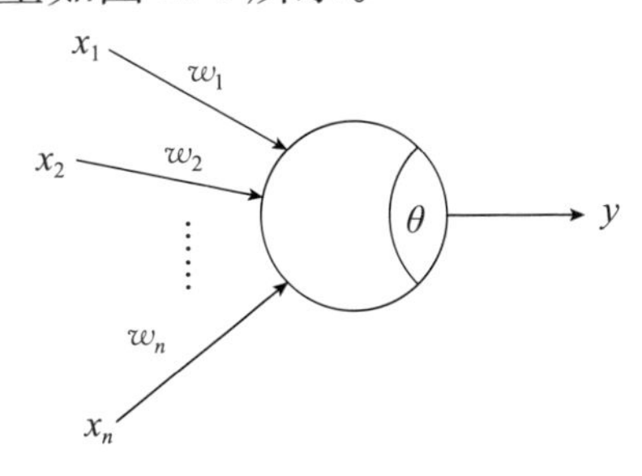

图2.4　M-P神经元模型

- x_1，x_2，…，x_n 表示神经元的 n 个输入，相当于生物神经元通过树突所接收的来自其他神经元的信号。
- w_1，w_2，…，w_n分别表示每个输入的连接强度，称为连接权值，对输入信号进行加权处理，即用 w_i乘以 x_i。
- θ 为神经元的输出阈值，相当于生物神经元的动作电位阈值，当所有 w_i 乘以 x_i 的值相加后超过 θ 时，则产生输出，否则不产生输出。
- y 为神经元的输出，相当于生物神经元通过轴突向外传递的信号。
- 中间圆形区域表示根据输入信息获得输出信息的部分，相当于生物神经元的细胞体。

思考

M-P 神经元可以用来做什么？

延伸阅读

M-P 神经元的输入输出映射关系由整合函数和激活函数两部分构成。常用的整合函数为加权求和型函数，该函数是将每个输入乘以权值后相加，再减去阈值获得整合结果，用公式表达为：

$$\xi = g(X) = \sum_{i=1}^{n} w_i x_i - \theta \tag{2-1}$$

常用的激活函数有线性函数、S 型函数、ReLU 函数等，其公式分别为：

$$f(\xi) = \xi \text{（线性函数）} \tag{2-2}$$

$$f(\xi) = \frac{1}{1+e^{-\xi}} \text{（S 型函数）} \tag{2-3}$$

$$f(\xi) = \max(0,\xi)\ (\text{ReLU 函数}) \tag{2-4}$$

常用激活函数的图像如图 2.5 所示。

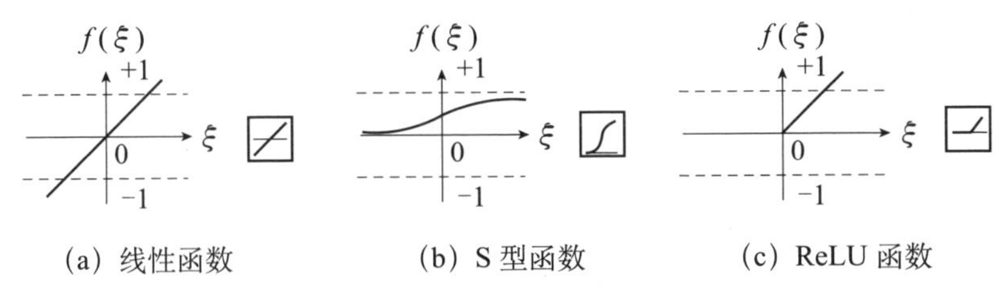

图 2.5　常用激活函数的图像

如上所述，一个神经元就是一个“整合函数＋激活函数”的信息处理单元，不同的整合函数加不同的激活函数便得到不同的计算效果。在图 2.5 中，x 轴上的值是整合函数的结果，y 轴上的值是激活函数的结果。如图所示，“加权求和＋线性函数”的效果就等于直接将加权求和的值输出。“加权求和＋S 型函数”的效果是随着加权求和的值的增大而增大输出，并且输出值在 0 和 1 之间变化。“加权求和＋ReLU 函数”的效果是对线性函数做了非负的限制，如果加权求和以后的值小于 0，则输出为 0；如果加权求和以后的值大于 0，则直接输出该值。

2.1.3　人工神经网络的结构类型

问题

只需要单个人工神经元就足够了吗?

单个人工神经元的能力是有限的，我们需要根据生物神经元之间的相互关系，将许多 M-P 神经元连接在一起，才能解决复杂的问题。人工神经元互连的基本方式是将一个神经元的 n 个输入（树突）

连接到其他 n 个神经元的输出端（神经末梢），同时将该神经元的输出作为其他与之存在联系的神经元的输入。这样，一个神经元的输出与其他神经元输入的连接点类似于生物神经元的突触。当然，在人工神经元里，神经元的输入输出只是信息的通道，彼此没有结构的区别，因此在互连后的网络中是合二为一的。

人工神经元连接后形成的人工神经网络可以用类似图 2.6 和图 2.7 的形式来描述。图 2.6 为前馈型神经网络；图 2.7 为反馈型神经网络（或称循环型网络）。图中节点表示人工神经元的细胞体，即根据接收的输入来产生输出的部分；有向边表示人工神经元之间的连接，即树突和轴突，表达神经元之间输入输出的对应关系。

1. 前馈型神经网络

如图 2.6 所示，前馈型神经网络可看作分层网络，信息从输入层到输出层逐渐传递，传递可以逐层进行或跨层进行，但在实际中通常采用逐层传递的结构，信息跨层传递的网络比较少见。

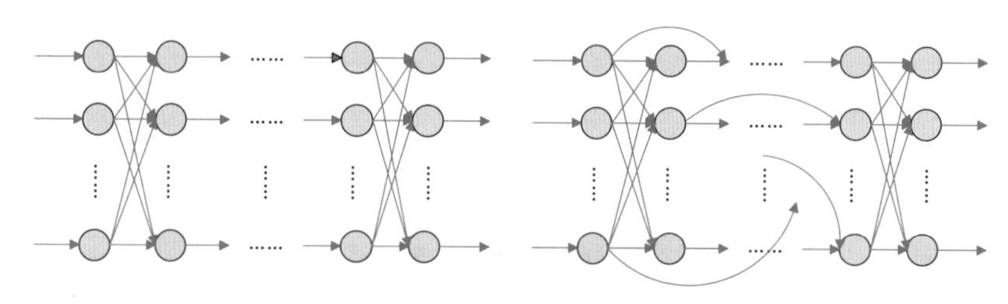

(a) 无跨层传递的前馈型网络　　(b) 有跨层传递的前馈型网络

图 2.6　前馈型神经网络

按照层数的不同，前馈型网络又可划分为单层、两层及多层网络等。超过三层的前馈型网络被称为深度网络。在多层前馈型网络中，往往将所有神经元按功能划分为输入层、隐含层（中间层）和输出层。其中，输入层的神经元从外部环境中接收输入信息；输出层的神经元向外部环境产生神经网络的输出信息；隐含层则位于输入层和输出层中间，是一个中间处理层，由于不直接与外部输入、输出打交道而被称为隐含层。

2. 反馈型神经网络

反馈型神经网络对应的结构图中具有信息回路，这种信息回路或存在于同层神经元之间，或存在于不同层神经元之间。由于存在信息回路，网络具有动态特性，即神经元的输出有可能导致自身的输入发生变化，从而又引起神经元输出的变化。相反，前馈型网络在信息从输入层传递到输出层后，工作即告终止，不会出现循环往复的情况，因此是静态的。图 2.7（a）显示了反馈型网络中的同层反馈连接和异层反馈连接及最一般的反馈型神经网络——全互连网络（或称全连接网络）。图 2.7（b）中，$X=\{x_1,x_2,\cdots,x_n\}$ 表示各个神经元的输入信号，$Y=\{y_1,y_2,\cdots,y_n\}$ 表示各个神经元的输出信号，这些输出信号被反馈给自身和其他神经元，因而也是一种反馈信号。Y 同时也代表系统所处的状态。

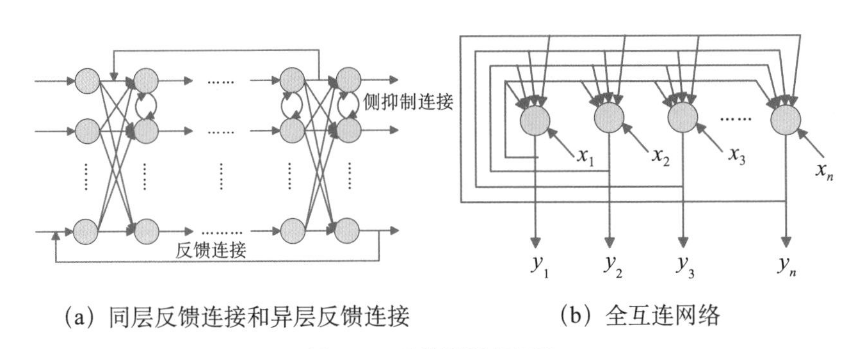

(a) 同层反馈连接和异层反馈连接　　(b) 全互连网络

图 2.7　反馈型神经网络

在全互连网络中，所有神经元之间都是两两互连的，因此每个神经元既可以作为输入，也可以作为输出，神经元之间没有层次的区分。全互连网络可以在没有输入的情况下，从系统的当前状态开始运行，根据内部信号的反馈不断改变自己的状态。因此，在全互连网络中，输入 X 不是必需的。

根据以上对反馈型网络的介绍可知，信息要在网络中各个神经元之间反复往返传输，从而使得网络处在一种不断改变状态的过程中。这种特性使得反馈型网络有两种不同的作用：（1）经过若干次状态变化，网络达到某种平衡状态，产生某一稳定的输出信号，此类反馈型网络为稳定性反馈网络，如经典的霍普菲尔德网络；（2）不考虑稳定状态，而将网络在不同时序的不同输出作为结果，此类反馈型网络为时序性反馈网络，是自然语言处理、语音识别等时序应用中的主要网络形式。

思考

人工神经网络为何又被称为“连接主义”？

2.1.4 卷积神经网络结构与图像识别原理

问题

目前广泛采用的深度网络具体是怎样工作的？

卷积神经网络（Convolutional Neural Network，CNN）是一种特定的前馈型神经网络，是目前主流的深度神经网络模型之一。如图 2.8 所示，卷积神经网络一般由卷积层、最大池化层和全连接层构成。

卷积层的计算是用小窗口在输入图像上滑动，在每个小窗口的停留位置将小窗口内输入图像的所有值整合后产生若干输出，其作用是从输入图像中提取特征。最大池化层的计算也是用小窗口在输

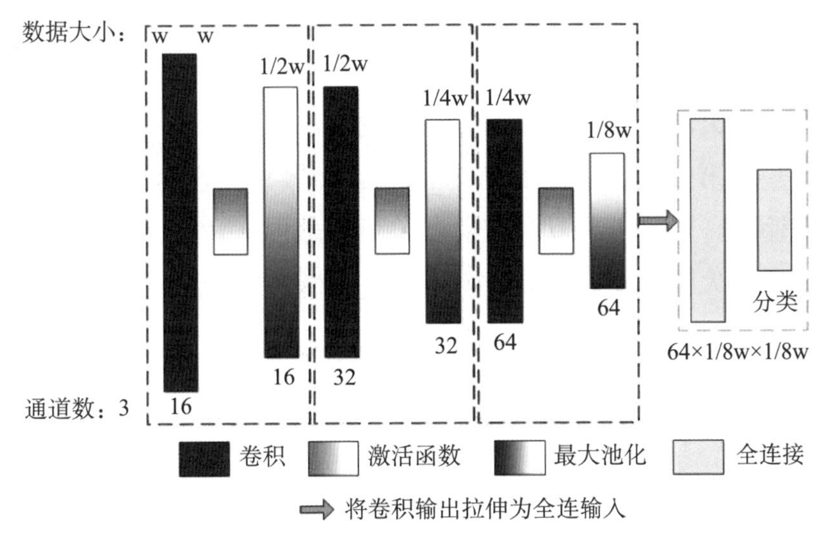

图 2.8　卷积神经网络结构示例

入图像上滑动，但在每个小窗口的停留位置仅保留小窗口内的最大值而丢弃其他值，起到了减小图像尺寸的作用。通过卷积层和最大池化层的组合，我们可以逐渐获得从细到粗的图像特征，直至获得反映图像整体语义（如“是否为小车主人”这样的语义）的特征。在最终得到的图像特征上，我们利用全连接层完成分类。

图 2.8 中的网络结构由 3 组“卷积层＋最大池化层”的操作（图中左侧 3 个虚线框）和一组全连接层的操作（图中最右侧的虚线框）组成。假设输入图像大小为 w×w，每个点由红、绿、蓝三原色表示，这样输入图像的通道数为 3。左侧 3 个虚线框的处理过程类似，分别如下。

- 左侧第一个虚线框的处理过程是：（1）接收输入图像，对其进行卷积运算后产生输出，本例中其输出特征数（称为通道数）设为 16；（2）卷积层的输出通过最大池化层后，尺寸缩小一半，通道数不变。

- 左侧第二个虚线框的处理过程是：(1) 接收前一个虚线框的输出，对其进行卷积运算，此时通道数由 16 增大到 32；(2) 通过最大池化层，将本层卷积层的输出同样缩小一半。
- 左侧第三个虚线框的处理过程是：(1) 接收第二个虚线框的输出，对其进行卷积运算，将通道数由 32 增大到 64；(2) 通过最大池化层，将本层卷积层的输出同样缩小一半。经过这一步，图像尺寸缩小为$\frac{1}{8}w\times\frac{1}{8}w$，通道数则增大为 64。

最右侧的虚线框的处理过程是：接收左侧第三个虚线框的处理，即输入 $64\times\frac{1}{8}w\times\frac{1}{8}w$ 的数据，将该数据平铺后，经过全连接层计算产生对应每个类别的分类概率，将分类概率最大的那个类别作为最终结果，完成分类。

思考

图 2.8 中的卷积神经网络共有多少层？

延伸阅读

卷积神经网络中的主要运算

1. 卷积层

卷积层中每个神经元的输入都是上一层中部分神经元的输出，它采用加权求和型整合函数，将所有输入值整合为一个值，再经过 ReLU 激活函数产生输出。由于每次计算只涉及上一层中的部分神经元，为了完整地处理上一层输出的信息，卷积运算需要在上一层的信息上不断滑动，直至所有信息都得到处理。例如，先处理第 1～3 个信息，然后是第 2～4 个信息，接着是第 3～5 个信息，以此类推。此外，在当前位置上的卷积运算可以进行多次，从而得到不止一个输出值，这些输出值的个数称为通道数。

图 2.9 显示了卷积运算的上述原理。图 2.9（a）表示一次完整的卷积运算，假设原图大小为 6×6，卷积核大小为 3×3，滑动步长为 3（滑动步长表示卷积核每处理完一次，向右或向下滑动的距离），则首先执行第一个 3×3 图像块的卷积运算，获得一个值，然后分别是第二个、第三个、第四个 3×3 图像块，最终得到一个 4×4 大小的处理结果。显然，卷积核大小和滑动步长的不同，将导致输出图像大小的不同。图 2.9（b）展现了卷积运算的形式，即图 2.9（a）中每个小窗口处所进行的运算形式（虽然图 2.9（b）是用 2×2 的卷积运算来做示例的，但 3×3 或任意 $n\times n$ 的卷积运算原理都是完全一样的）。如图 2.9（b）所示，卷积运算中对应输入图像中的每个小窗口，会有一个同样大小的小窗口（这个小窗口即上面所说的卷积核），两个小窗口的位置是一一对应的，我们将两个小窗口对应位置上的值相乘再相加，便得到卷积的运算结果。

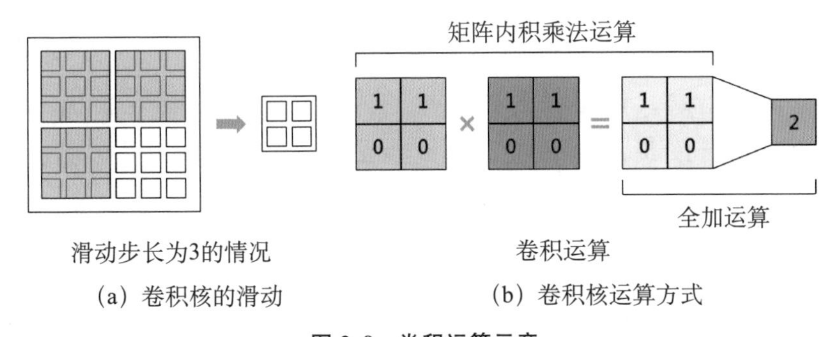

(a) 卷积核的滑动　　(b) 卷积核运算方式

图 2.9　卷积运算示意

2. 最大池化层

根据以上计算方式，卷积层可被认为起到了提取输入信息的特征的作用，其卷积核的大小类似人眼的感受野，越小则看得越仔细，但也越可能忽视全局信息；越大则看得越全面，但也越粗糙。为了更好地提取分类特征，我们希望能由精到粗地提取，这便需要在提取特征的同时逐渐缩小图像尺寸，从而在相同的卷积核下，能看到越来越全面的语义内容。最大池化层正是用来减小图像尺寸的。为了达到此目的，它同样采用小窗口滑动的方式在图像上进行计算，在滑动的每个小窗口处，将该小窗口缩小为一个点，该点的值等于该小窗口内的最大值。这种操作往往也称为下采样。图 2.10 显示了最大池化运算的原理。

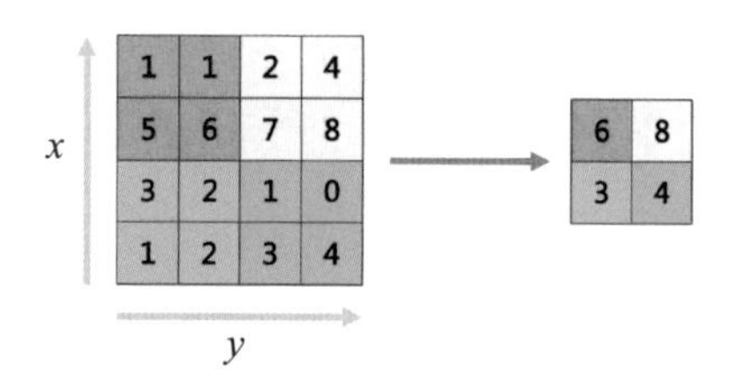

图 2.10　最大池化运算示意

经过卷积层与最大池化层的组合，我们便能由精到粗地提取图像特征。越靠近输入端的层，其图像尺寸越大，则尺度越精细，越偏重细节信息；越远离输入端的层，其尺寸越小，则尺度越粗糙，越偏重语义信息。以图像为例，以输入端为起始，排在前面的卷积层通常获得边缘等底层特征，排在中间的卷积层通常获得构成物体的属性特征（如人脸上的眼、耳、口、鼻等），排在最后的卷积层通常获得物体语义信息（如是否为人脸等）。图 2.11 显示了“卷积层＋最大池化层”的这种特性。图 2.11（a）和图 2.11（b）分别显示了识别人脸和汽车时不同层次的卷积层输出。我们可以看出，对于人脸识别，上面一组较低层次的卷积获得脸部的局部属性特征，类似鼻子和嘴等，而下面一组更高层次的卷积则获得对应于整个脸部的全局特征；汽车识别的例子与此类似，上面一组卷积特征对应汽车的轮胎、车窗等局部属性，下面一组卷积特征则对应整个汽车。

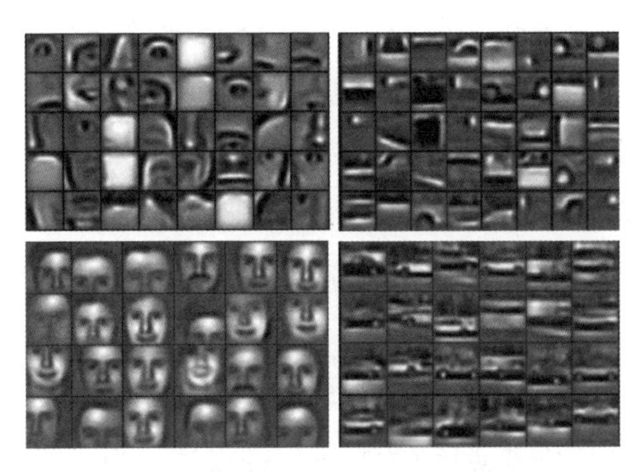

(a) 人脸特征　　(b) 汽车特征

图 2.11　不同尺度上的卷积层提取特征示例

3. 全连接层

全连接层，顾名思义，是将上一层的所有输出信息作为下一层某个神经元的输入。其整合函数为加权求和，激活函数为 ReLU。这与上面的卷积运算是一致的。两者的区别在于全连接层是将上一层的所有输出值整合在一起，而不是像卷积层那样每次只处理上一层的部分输出值，从而不需要做窗口滑动。图 2.12 显示了全连接层的计算方法，请注意其与图 2.9 所示的卷积运算的区别。

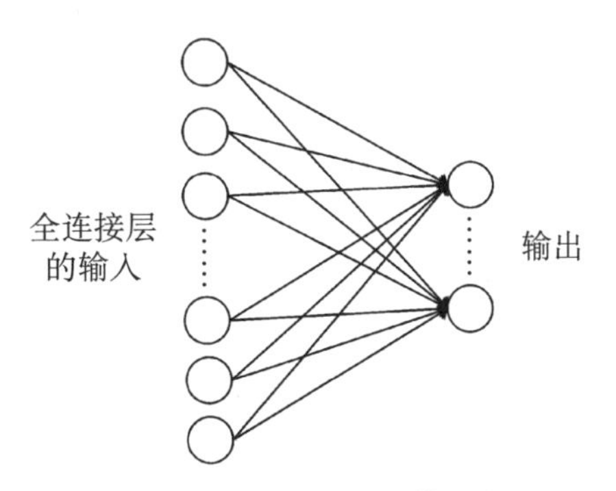

图 2.12　全连接层运算示意

基于上述结构，全连接层可以起到分类器的作用，它接收最后一层卷积输出的最高语义特征，然后分别针对每个类别，经过“整合+激活”运算，各自输出一个值。例如，在本章的人脸识别应用中，将输出 2 个值，分别对应“是”或“不是”小车主人；在本章的语音识别应用中，将输出 5 个值，分别对应“前进”“后退”“左转”“右转”“停止”。最后用软最大运算（Softmax），将每个输出值转化为 0～1 的分类概率。

在利用上述方法得到对应不同类别的概率值后，根据概率值的大小来完成分类，将值最大的那个类别作为识别结果。

2.2 机器学习

问题

搭建好人工神经网络就可以解决人脸识别与语音识别问题了吗?

人类的大脑结构基本都一样，但不同职业的人具有不同的能力，是什么使得人们之间存在这样的区别呢？答案自然是学习。学习改变了人类大脑中神经元之间的连接强度，从而使人们具备了相应的知识和技能。类似地，为了使人工神经网络能完成某类任务，同样需要通过学习来改变其中的参数，不同参数的人工神经网络具有不同的知识和技能，如进行人脸识别的人工神经网络、进行语音识别的人工神经网络、进行机器博弈的人工神经网络等。

2.2.1　机器学习是什么

问题

如何理解人类的学习能力？怎样对其模拟并在机器上予以实现？

“学习”是人们习以为常的概念，人的一生都是在不断学习以适应环境的过程中度过的。那么学习的实质是什么呢？是“变化”。人们通过学习，使自身发生改变（如知识结构、思维方式、性格特点等），从而能够更好地适应环境，因此可以通俗地概括为“学习即变化”。

学习导致的变化主要包括知识获取和能力改善两个方面。所谓知识获取，是指获得知识、积累经验、发现规律；所谓能力改善，是指改善性能、适应环境、实现自我完善。在学习过程中，知识获取与能力改善是密切相关的，知识获取是学习的核心，能力改善是学习的结果。

对目前的机器来说，其解决问题的基本手段是计算，因此学习后的机器性能改善可体现在计算效果和计算效率两个方面或其中一个方面。计算效果的改善是指机器能够解决更多的问题，或者能够更好地解决问题，如人脸识别系统的准确率提高等；计算效率的改善是指机器能够更快地解决问题，如机器博弈中确定最佳应对招数所需的计算时间缩短等。因此，机器学习的目标可形象地归纳为“更多、更快、更好”。

和人类的学习一样，机器学习的基础也是经验，通过经验来改变智能系统，使其计算效果或效率得到有效的改善。因此，可将机器学习定义如下：机器学习是针对特定任务，根据执行任务的经验，使得其执行任务的性能越来越好。

在这个定义中，关键要素有三个：任务、性能、经验。例如，任务——识别字符；性能——识别准确率；经验——图像及其对应的字符（见图 2.13）。

图 2.13　学习字符识别的经验：图像及其对应的字符

思考

仿照上面的例子，再举出一个定义机器学习的例子。

延伸阅读

归纳推理与归纳学习

人工智能系统能够对外表现智能的核心是对该系统实施控制的知识，类似人在大脑中所存储的用于解决问题的各种知识。因此，机器学习的核心问题是如何根据以往的经验对智能系统的控制知识进行改善。该问题可以被认为是一个发现新知识的推理问题，从而也可以基于人的推理方式来思考机器学习。而对人来说，能够用于发现新知识的推理方式主要是归纳推理，该推理是从个别到一般的推理方式，即从足够多的事例中归纳出具有一般性的知识。这种一般性知识可以反过来用于帮助人们解决与具体事例相关的问题，尤其是之前未见过的具体事例。例如，人们从“所见到的乌鸦都是黑色的”这一事实出发，归纳出“天下乌鸦一般黑”这样的知识，从而可以利用该知识来预测未见过的乌鸦的颜色。

以归纳推理为基础的学习方式称为归纳学习，其学习的基本过程是从经验数据中归纳出相应的知识，用于控制智能系统的执行机构。

2.2.2　机器学习的方法

问题

人类学习的经验有哪些？可分为哪些基本类型？

人类学习的经验大致可以按照人的成长经历来类比。

- 人类在幼小时期，缺少对事物的理解能力，家长只能使用奖励和惩罚手段来使其认识对错，利用其趋利避害的天性对其进行教育。基于这种奖励和惩罚的经验的学习称为强化学习。
- 进入学校读书以后，作为学生跟随老师学习。老师不仅会告诉学生对错，还会告诉学生标准答案。学生据此调整自己的思维方式和思维过程，以使自己的解答与老师给出的答案一致。基于这种问题与答案对应关系的经验的学习称为监督学习。
- 从学校毕业踏入社会以后，没有了家长和老师的引导，需要自己从大量工作经验中总结出有利于自己开展工作的方式方法等。基于这种没有反馈的经验的学习称为非监督学习。

以上是为了帮助大家理解而基于人的成长经历对学习经验的介

绍。事实上，在人的成长过程中，这三种学习方法是交织在一起的。与人类这三种学习经验类似，机器学习方法的基本类型也分为强化学习、监督学习和非监督学习。对机器学习来说，经验是以训练数据的形式来体现的。因此，这三种学习方法的区分也就体现在训练数据的区分上。

1. 监督学习

在监督学习中，训练数据的特性是：每个训练数据均包括输入数据与期望输出的正确结果两部分。例如，在字符识别中，输入数据为图像，输出为对应的字符类别。这种数据通常称为标注数据。当输出只有两种结果时，我们通常站在其中一种结果的立场，把属于该结果的数据称为正样本，把属于另一个结果的数据称为反样本。例如，在本章的人脸识别应用中，属于小车主人的人脸为正样本，不属于小车主人的人脸为反样本。

当向智能系统中输入某一数据后，智能系统将获得相应的输出，该实际输出与期望输出之间的误差可用于评价智能系统当前的性能，从而可以根据该误差对智能系统进行改善，以减小误差，提高性能。这便是监督学习的基本原理。

误差反向传播算法

误差反向传播（Back-Propagation，BP）算法是一种经典的用于神经网络学习的监督学习方法。BP 学习过程由信号正向传播和误差反向传播两个阶段构成。其中，信号正向传播实现从输入层到隐含层再到输出层的信息传递，直至在输出层获得输出信号；误差反向传播用于将网络期望输出与实际输出的误差从输出层反向传播至隐含层再至输入层，并在此过程中更新各个神经元的连接权值。

具体地说，当给定一组训练数据后，BP 网络依次对这组训练数据中的每个（或每批）数据按如下方式进行处理：将输入数据从输入层传到隐含层，再传到输出层，产生一个输出结果，这一过程称为正向传播；如果经正向传播在输出层没有得到所期望的输出结果，则转为误差反向传播过程，即把误差信号沿着原连接路径返回，在返回过程中根据误差信号修改各层神经元的连接权值，使输出误差减小。在识别应用（如本章的人脸识别与语音识别）中，以上所述误差为分类误差，即当输出分类结果发生错误时，将对神经网络参数进行调整，以减小分类错误，因此学习目标是使最后得到的神经网络在训练数据上的分类错误率最小。

算法步骤如下：

步骤 1：初始化神经网络权值：给权值赋予较小的非零随机数。

步骤 2：分批处理训练数据，直到所有数据处理完成。

步骤 2.1：正向传播：将一批训练数据送入神经网络，每个数据经输入层到各个隐含层再到输出层产生输出，比较输出值与训练数据标注的真实值从而获得误差值，计算所有数据的平均误差值；

步骤 2.2：反向传播：将平均误差值从输出层逐层反向传播到各个隐含层直到输入层，在传播到的每一层调整相应层的连接权值，使得该平均误差值能够得以减小。

步骤 3：重复步骤 2 直到重复次数超过预设的最大值或者所有数据上的平均误差值低于预设的阈值，则算法终止。

以本章实践中的人脸识别为例，假如我们采集了 10 张人脸图像。其中有正样本（本人）和反样本（非本人）。我们先将第 1 批共 5 张人脸图像输入神经网络中，通过神经网络将人脸识别为本人或非本人，如果识别错误则误差记为 1，最后计算平均误差，假设有 3 个样本识别错误，则平均误差为 3/5＝0.6，将该误差反向传播，相应修改网络权值，使该误差下降，比如使得误差在该批数据上下降到 0.4，这个下降幅度是受参数控制的，并非越大越好，因为当前数据只是所有数据的一部分，在当前数据上误差下降太快，可能导致整体效果变差。因此通常以一个较小的幅度经多次循环达到在所有数据上误差趋于 0 的效果。本例中共 10 个数据，每批 5 个，则两批反向传播构成一次完整的循环，再经多次完整循环后误差趋于 0。

2. 非监督学习

在非监督学习中，训练数据的特性是：每个训练数据只有输入数据，没有对输入数据的期望输出。这种数据称为未标注数据。因此，非监督学习的主要任务是发现输入数据中存在的分布规律，或者输入数据不同组成部分之间规律性的相互联系（关联规则）。前一个任务称为聚类；后一个任务称为关联规则挖掘。

通过聚类技术获得的分布规律和通过关联规则挖掘技术获得的关联规则，将作为智能系统的控制知识在后面的处理中发挥作用，或者输出给人使用。

非监督学习是数据挖掘、知识发现等人工智能技术中的核心问题。

3. 强化学习

在强化学习中，训练数据的特性是：这些数据既不像监督学习中有输入与期望输出之间的对应关系，也不像非监督学习中只有输入，没有关于期望输出的任何信息，而是给出了对于输出结果正确与否的评价，通常是以奖惩的形式给出的，即如果输出是对的，则给予奖励；否则给予惩罚。这种奖励和惩罚落实到算法上，可以用不同符号的数值来表示，数值的符号反映奖励或惩罚，数值的大小反映奖励或惩罚的大小。这种反馈使机器明确了输出的正确与否，但并不清楚理想的输出结果是什么。由机器自己在此基础上根据趋利避害原则调整执行策略，以期获得尽可能多的奖励，并尽可能避免惩罚。

奖励和惩罚是有延迟特性的，通常不是在机器输出某一结果后立即给出，而是在一定时间之后才能得到。一个典型的例子是下棋。下棋时并不能马上知道某一步正确与否，只有到最后分出胜负时才能得到奖励或惩罚，这时才能知道中间步骤是否合理，进而对下棋策略进行调整。因此，强化学习中强调累计收益，而不只是眼前利益，希望智能系统的执行策略能够保证机器的长期收益最大化。

4. 各学习方法的特点与共性

上述不同类型的机器学习方法在训练数据特性与学习目的上有所不同，但都可以归结为一个优化问题，即在一定的优化目标下通过某种优化算法获得理想的学习结果的问题，其中的两个关键子问题如下。

- 如何定义学习目标？即确定理想的学习结果应该是什么的问题。例如，监督学习中希望实际输出与期望输出之间的误差最小化；非监督聚类中希望数据到聚类中心的距离最小化；强化学习中希望累计收益最大化；等等。
- 如何执行优化计算？或者说，使用何种优化算法来达到所定义的学习目标？这是人工智能与数学中的核心问题之一，在人工智能中被称为搜索问题，在数学中被称为最优化问题，目前已有比较多的解决途径，可应用于机器学习方法。

延伸阅读

半监督学习

监督学习中需要对数据进行标注。当数据量大时，学习算法使用者的工作负担很重。因此，很多情况下难以得到大量的标注数据，而未标注数据相对比较容易得到。为了降低标注的难度，同时尽可能利用所掌握的数据，人们提出了半监督学习的思想。

半监督学习中使用的数据包括两个部分，一部分是少量标注数据，另一部分是大量未标注数据。其学习过程是通过少量标注数据得到初步的执行机构，然后通过大量未标注数据对执行机构进行进一步的学习。这里第一步中利用标注数据得到初步执行机构的问题就是监督学习问题，可使用相应的监督学习方法解决。关键在于第二步，即如何利用未标注数据来深入学习。其实质在于需要确定未标注数据的期望输出，将其转变为标注数据，这可以通过智能系统对未标注数据的处理或标注数据与未标注数据之间的相似性得到。

2.3 实现人脸识别与语音识别

问题

如何利用前述人工神经网络和机器学习方法实现人脸识别与语音识别？

人脸识别与语音识别应用虽然看起来有很大的不同，但都可基于“人工神经网络＋机器学习”的方式实现。图 2.14 显示了这一人工智能方案的实现框架。

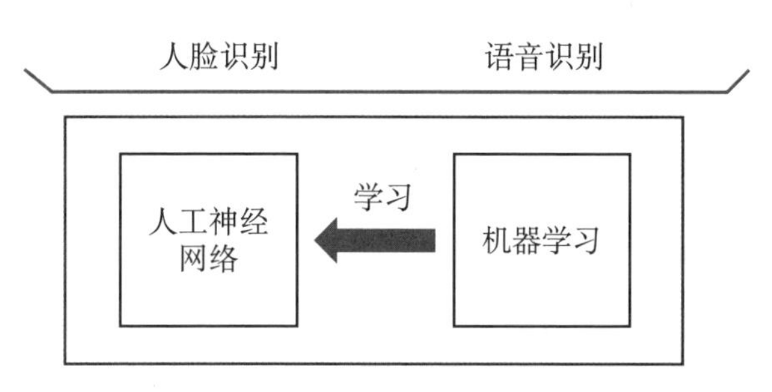

图 2.14　人脸识别与语音识别方法框架

如图所示，人工神经网络是执行人脸识别与语音识别的机构，它接收人脸图像或语音数据，输出相应类别。在人脸识别中，识别结果为是否小车主人的二分类结果：“是”或“不是”。在语音识别中，识别结果为小车控制指令的多分类结果：前进、后退、左转、右转、停止。此处采用图 2.8 所示的卷积神经网络完成任务。

为了进行准确的识别，还需要通过机器学习对卷积神经网络中的参数进行学习，以使其有理想的识别准确率。此处我们采用 BP 算法。

2.3.1　人脸识别

第 1 步：使用视频工具采集人脸图像数据，包括本人人脸图像与非本人人脸图像，分别存在两个文件夹下（不同文件夹反映了对人脸类别的标注）。

第 2 步：准备卷积神经网络结构，调整结构参数（神经元层数、每层神经元个数、卷积计算参数等）。

第 3 步：准备 BP 学习算法，调整学习参数（每批数据个数、学习目标、优化方法等）。

第 4 步：运行 BP 学习算法，对卷积神经网络进行学习，观察学习过程中学习目标值和网络性能值的变化。

第 5 步：学习算法结束后，取出学好的卷积神经网络参数文件。

第 6 步：将参数文件导入智能小车系统，形成其中的人脸识别模型。

第 7 步：启动智能小车，测试人脸识别效果。

第 8 步：撰写实验报告。

2.3.2 语音识别

第 1 步：录制控制指令对应的音频，按不同控制指令分别存在不同文件夹下（不同文件夹反映了对语音类别的标注）。

第 2 步：启动转换工具，将语音信号转换为频谱图像。

第 3 步：准备卷积神经网络结构，调整结构参数（神经元层数、每层神经元个数、卷积计算参数等）。

第 4 步：准备 BP 学习算法，调整学习参数（每批数据个数、学习目标、优化方法等）。

第 5 步：运行 BP 学习算法，对卷积神经网络进行学习，观察学习过程中学习目标值和网络性能值的变化。

第 6 步：学习算法结束后，取出学好的卷积神经网络参数文件。

第 7 步：将参数文件导入智能小车系统，形成其中的语音识别模型。

第 8 步：启动智能小车，测试语音识别效果。

第 9 步：撰写实验报告。

学习过程中学习目标值和网络性能值的变化图例如图 2.15 所示。

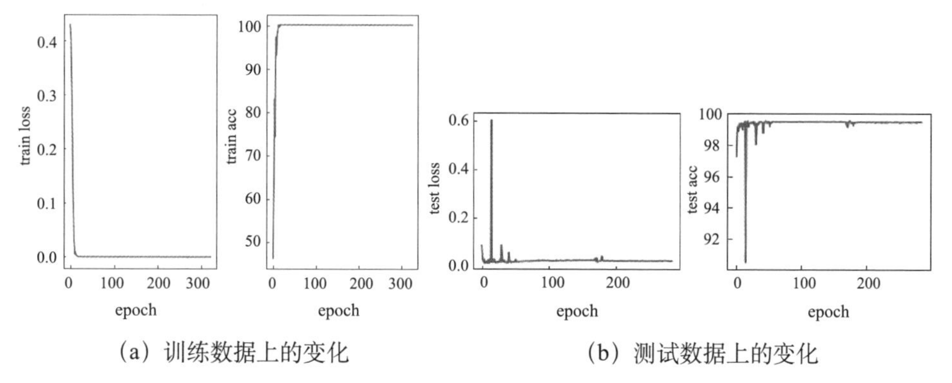

（a）训练数据上的变化　（b）测试数据上的变化

图 2.15　学习过程中学习目标值和网络性能值的变化图例

思考

为何同样结构的网络既可用于人脸识别，也可用于语音识别？两者的关键区别在哪里？

练习

请模仿本章所述人脸识别与语音识别算法，为智能小车实现一种识别交通信号灯的算法。

第 3 章

符号智能

知识地图

本章首先介绍机器博弈程序的一般工作原理，说明博弈树这一关键的表示博弈问题及其解答的方法。然后阐述在博弈树上搜索最优解答的极大极小搜索算法、Alpha-Beta 剪枝搜索算法。最后对基于 Alpha-Beta 剪枝的五子棋博弈程序进行编程实现。

本章知识地图如图 3.1 所示。

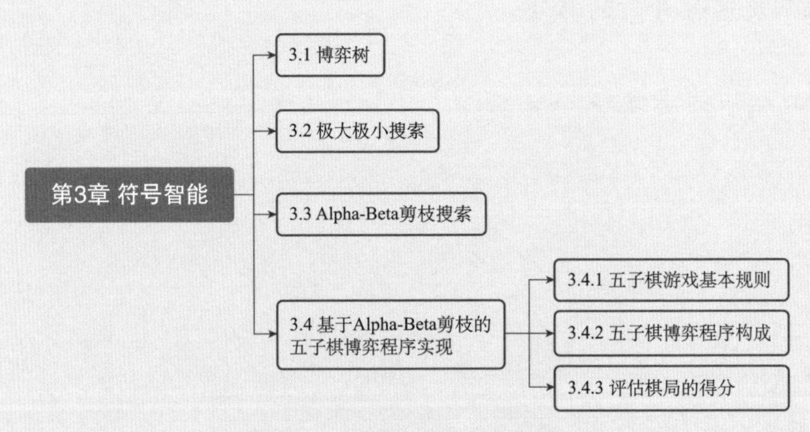

图 3.1 “符号智能”知识地图

学习目标

知识与技能：

1. 了解符号智能和机器博弈的工作机制。

2. 理解机器博弈的极大极小搜索算法，以及 Alpha-Beta 剪枝算法的原理与代码。

过程与方法：

通过五子棋机器博弈实践，提升学生自主探究能力，增强学生创新意识。

情感与态度：

1. 正确看待机器博弈技术的价值。

2. 增强对符号智能技术学习的热爱之情。

体验

图 3.2 是利用符号智能进行五子棋博弈的案例，假如你执白子，请思考如何打败对手，从而取胜。请同学们两人一组，探究你们在下棋过程中的思维方法。

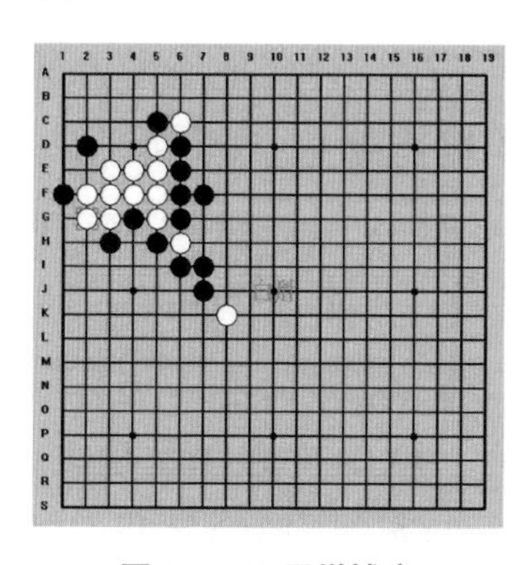

图 3.2　五子棋博弈

3.1 博弈树

问题

通过体验五子棋博弈，你是否发现，要确定一步落子的位置，往往需要思考下面好几步？你知道下棋的思考过程如何表示吗？

在以棋类运动为代表的“双人、零和、信息完备、非偶然性”博弈中，我们可以用博弈树来表示双方的博弈过程，进而在博弈树上搜索最佳行动策略。博弈树中的顶点表示当某一方准备采取行动时所面对的博弈状态，边表示可以采取的行动，通过一条边连接的两个顶点表示当某一方采取行动后博弈状态的变化。图 3.3 显示了一棵博弈树的例子，其中“A”代表博弈的一方，“B”代表博弈的另一方，“1-1”表示第一层的第一种策略，以此类推。该博弈树的含义如下：在“A1-1”这个状态下，A 开始思考应该下在“B2-1”“B2-2”“B2-3”中的哪一步，为此他还需要进一步思考在每种可能的行动下，B 的应对策略有哪些。例如，在“B2-1”状态下，B 可以在“A3-1”“A3-2”“A3-3”这三种策略之间选择。对于其他可能的行动，均做这样的思考，才能对“B2-1”“B2-2”“B2-3”这三种可能的行动做出选择。显然，这样思考的层次越多，A 下棋的水平就越高，反映在博弈树上，就是树的深度越深，博弈程序水平越高。但这也带来计算效率的下降，因此通常我们需要在树的深度与计算效率之间找到一个理想的平衡。

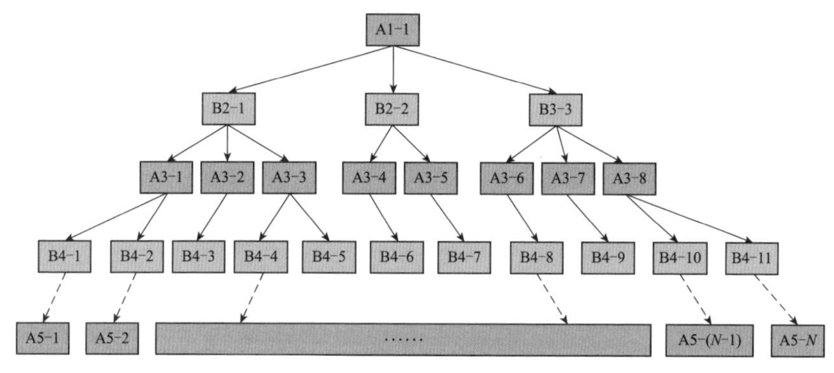

图 3.3　两人下棋的博弈树

下面以分硬币游戏为例来进一步说明博弈树。该游戏规则是：假设有一堆硬币，共 7 枚。两位选手轮流将这堆硬币分成两堆数量不等的硬币，每位选手每次只能处理一堆。游戏进行到每堆都只有一枚或两枚硬币，从而不能再分为止。哪位选手遇到不能再分的情况，则认输。

针对上述分硬币游戏，我们确定博弈树如下：假设当前已将硬币分为 n 堆，每堆硬币个数分别为 $\{k_1, k_2, \cdots, k_n\}$，当前走步方为 MIN 或 MAX，则可将游戏当前状态表示为：(k_1，k_2，$\cdots$，k_n，MIN or MAX)。于是分硬币游戏的博弈过程（MIN 先走）可以用图 3.4 所示的博弈树来表示。MAX 或 MIN 走步阶段在树中各层轮流交替出现。顶点表示当 MAX 或 MIN 走步时的游戏状态，即钱堆情况；有向边表示在当前状态下 MAX 或 MIN 可能的走步；有向边箭头所指向的顶点表示采取行动后的结果，即变化后的钱堆情况，这也是下一步当对方采取行动时所面对的游戏状态。图 3.4 中根顶点（7，MIN）表示 MIN 初始走步时面对的是一个由 7 枚硬币构成的钱堆。MIN 可以将其分为包含不同硬币数量的两个钱堆。他共有 3 种选择，即图 3.4 中从根顶点出发的 3 条有向边所指向的结果。

当他从中选择了一个行动时，如将硬币分为两堆，一堆包含 6 枚硬币，另一堆包含 1 枚硬币，这就是接下来 MAX 走步时面对的游戏状态，表示为（6，1，MAX）。

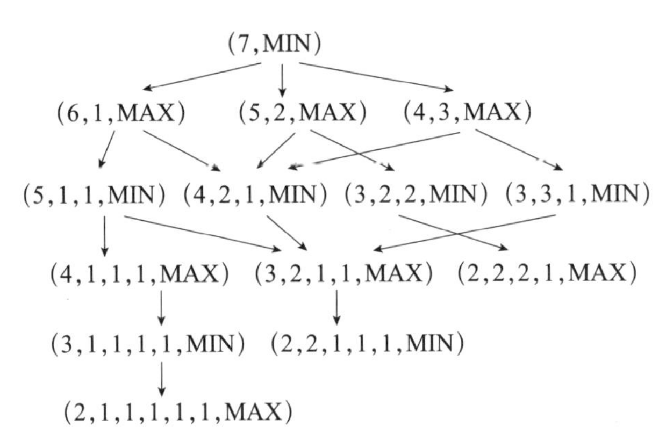

图 3.4　分硬币游戏的博弈树

思考

图 3.4 中的博弈树代表的是一次下棋的过程还是 MIN 一方的思考过程？

延伸阅读

博弈类型

博弈树反映的是“双人、零和、信息完备、非偶然性”博弈。除了这种博弈，实际上还有很多种其他的博弈类型，可以从不同的角度来进行划分。

（1）按博弈方划分，可分为单人博弈、双人博弈和多人博弈。在单人博弈中，博弈的参与者只有一方，可以理解为一般的优化问题，即博弈者在一定的条件下采取什么样的策略能够使自己的收益最大化，而不考虑其他博弈方的影响。在双人博弈中，博弈由双方构成，如两个人猜硬币、囚徒困境等都属于双人博弈，这类博弈是最常见的。多个博弈方的博弈较复杂，博弈者有3名或3名以上，而且会出现合作博弈问题。这样，多人博弈又分为合作博弈与非合作博弈。

（2）按策略空间划分，可分为有限博弈和无限博弈。在一场博弈中，每个博弈者根据条件做出的决策称为“策略”，因此博弈者可以选择的全部策略组成的集合叫作“策略空间”。在一场博弈中，如果博弈者可以选择的策略是可数的，如在“囚徒困境”博弈中每个博弈者只有两个策略，即“坦白”和“不坦白”，则称为“有限博弈”。如果博弈者可以选择的策略是不可数的，如古诺模型中的连续模型，每个工厂可以有无数种策略，则称为“无限博弈”。

（3）按进行博弈的次序划分，可分为静态博弈和动态博弈。各博弈方可同时决策并行动的博弈称为静态博弈。当然，严格地讲，各博弈方在非常精确的同一时点同时决策是不可能的，因此，同时决策是指可近似地看作同时做决定的过程，如乒乓球团体赛的出场顺序，虽然双方决策可能有早有晚，但一旦敲定便谁也不许变更，因而可看作同时决策。各博弈方不是同时决策，而是先后、依次决策与行动的博弈称为动态博弈。对弈就是一种典型的动态博弈，双方的每一步都将取决于前面的情势。

（4）按得益情况划分，可分为零和博弈、常和博弈和变和博弈。零和博弈的博弈方始终是对立关系，一方收益必然造成另一方损失。在常和博弈中，各方都会有收益，但收益总和是一个固定的常数。在变和博弈中，各方不同的策略组合会有不同的收益。显然，零和博弈是常和博弈的特例，常和博弈是变和博弈的特例。

（5）综合分类。综合分类是将博弈次序与博弈信息结合起来的一种分类方法。按这两个标准，可将博弈分为完全信息静态博弈、不完全信息静态博弈、完全且完美信息动态博弈、不完全但完美信息动态博弈、完全但不完美信息动态博弈及不完全且不完美信息动态博弈。

3.2 极大极小搜索

问题

极大极小搜索是博弈树搜索的基本算法，该算法是如何提出的?

构建博弈树的目的，是确定在当前状态下的最好行动（下棋策略），最终目标是赢得比赛。从任意一方来说，都应将对方当成最强的对手，也就是说不轻敌。只有这样，才能尽量保证自己获胜。因此双方下棋的基本思路是：A 足够聪明，总是能在多个可能方案中选择最有利于自己的方案；B 同样足够聪明，总是能在多个可能的方案中选择最不利于 A 的方案。此外，通常棋局状态很多，不能像上面简单的分硬币游戏那样一直想到游戏最终能分出胜负的状态。以中国象棋为例，每个状态下大约有 40 种走法，一盘棋平均走 50 步，则总的状态数约为 10^{160} 个，要一次完全表达出来显然是不实际的。因此，从实用角度，必须降低搜索的深度，不再考虑从当前状态到最终胜负状态的完整博弈树，而是根据计算时间的限制，对博弈树的深度进行限制，考虑从当前状态开始，未来若干步之内的有限深度博弈子树，在这一子树上搜索一步好棋，待对方回应后，根据变化后的状态再生成新的有限深度博弈子树，继续搜索下一步好棋。这就类似人们在下棋过程中，通常不太可能把己方从当前步到终局所有可能的行动及对方所有可能的回应都考虑一遍，而是仅考虑对方对己方从当前步到未来若干步之内所有可能的行动的所有可能的回应。在此基础上，确定当前的一步好棋，当对方回应后，根据变化后的形势考虑下一步的好棋。从这一思路出发，人们提出了极大极小搜索算法。

按照约定俗成的习惯，一般假设博弈中 MAX 方为己方，MIN 方为对手方。在极大极小搜索算法中，在 MAX 每次走步时，以 MAX 所面对的当前博弈状态为根顶点，生成一棵有限深度的博弈子树。然后从该博弈子树的叶顶点向上回溯，确定在根节点处的当前最好策略，也就是在从根节点出发的几条有向边中，找到一条对应当前最好行动的边。由于叶节点不一定是博弈的最终状态，因此需要定义估价函数，对叶节点的优劣进行评价，以便能够从叶节点向上回溯，最终确定根节点处各条边对应行动方案的优劣，作为选择的依据。这里，节点的优劣是指节点所表示的博弈状态对 MAX 的有利程度。越有利于 MAX，节点越优。

通常根据问题特性定义估价函数，对博弈子树中叶节点的优劣进行静态评估。对 MAX 有利的叶节点，其估价函数取正值，如为 MAX 获胜节点，则取正无穷大；对 MIN 有利的叶节点，其估价函数取负值，如为 MAX 认输节点，则取负无穷大；那些使双方势均力敌的叶节点，其估价函数值为 0。

在确定了叶节点的静态估值后，就可从叶节点向上倒推，逐步计算非叶节点的评价值，直到根节点。将博弈子树中对应 MAX 走步的节点称为 MAX 节点，对应 MIN 走步的节点称为 MIN 节点。

如前所述，对于 MAX 节点，MAX 具有主动权，可以从中选择对自己最好的走步，即估值最大的走步。因此，MAX 节点的子节点之间是“或”的关系，MAX 节点的倒推值应取其子节点估值的极大值。对于 MIN 顶点，主动权掌握在 MIN 手中。为了取胜，MAX 需要做最坏的打算，应考虑到 MIN 会选择对 MIN 最好、对 MAX 最坏的走步，即估值最小的走步。因此，MIN 节点的子节点之间是“与”的关系，MIN 顶点的倒推值应取其子节点估值的极小值。最终，MAX 应选择使博弈子树的根节点处具有最大倒推值的走步。

博弈树极大极小搜索算法的要点总结如下。

(1) 算法目标：为博弈中的某一方（如 MAX）寻找一个最优行动方案。

(2) 寻找最优行动方案：为达到算法目标，考虑所有行动的可能性，并计算每种行动可能的得分。

(3) 计算得分：定义一个估价函数（静态估值），对棋局状态是否有利于自己进行评估。

(4) 推演行动方案：对“或”节点，选其子节点中一个最大的得分作为父节点的得分，这是为了使自己在可供选择的方案中选一个对自己最有利的方案；对“与”节点，选其子节点中一个最小的得分作为父节点的得分，这是为了立足于最坏的情况，以便无论对方做出怎样的行动，己方都能尽量获胜。按上述方法计算出的父节点的得分被称为倒推值。

(5) 如果一个行动方案能获得较大的倒推值，则它就是当前较好的行动方案。

例 3.1　三子棋游戏

下面通过三子棋游戏详细说明极大极小搜索过程。

设有一个三行三列的棋盘，如图 3.5 所示。两个棋手轮流走步，每个棋手走步时在空格上摆一个自己的棋子，先使自己的棋子成三子一线者为赢。设 MAX 的棋子用×标记，MIN 的棋子用○标记，并规定 MAX 先走步。

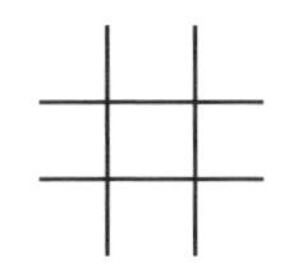

图 3.5　三子棋棋盘

解：（1）确定顶点（棋盘状态）的静态估价函数 $e(P)$：

若 P 是 MAX 的必胜局，则

$$e(P)=+\infty$$

若 P 是 MIN 的必胜局，则

$$e(P)=+\infty$$

若 P 对 MAX 和 MIN 都是胜负未定局，则

$$e(P)=e(+P)-e(-P)$$

式中，$e(+P)$ 表示在 P 状态下有可能使×成三子一线的数目；$e(-P)$ 表示在 P 状态下有可能使○成三子一线的数目。显然，该值越大，表示 P 状态对 MAX 越有利。图 3.6 显示了一个三子棋游戏的棋盘状态。在该状态下，存在 4 种可能使○成三子一线，即上起第一行、第三行，以及左起第一列和第三列；存在 6 种可能使×成三子一线，即上起第二行、第三行，左起第一列和第三列，以及从左上到右下和从右上到左下两条对角线。因此，$e(P)=6-4=2$。

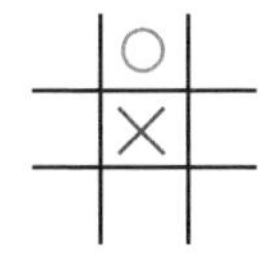

图 3.6　三子棋游戏棋局示例

（2）根据计算资源的限制，确定搜索深度为2，即从当前棋盘状态出发，扩展两层，得到博弈子树。根据该博弈子树，利用前面介绍的极大极小搜索算法，确定在当前棋盘状态下，MAX应该采取的走步。具体博弈过程及其搜索方法如图3.7所示，图（a）～（c）分别为MAX在第一、二、三次走步时生成的博弈子树及其搜索过程，其中节点旁的数字表示叶节点的估价函数值和非叶顶点的倒推值。下面以图3.7（a）为例，叙述博弈子树生成过程、非叶节点倒推值计算过程及MAX选择走步过程。

首先，从当前棋盘状态（空棋盘）出发，生成两层博弈子树。生成过程是：以当前棋盘状态为根节点，在当前状态下可供MAX选择的走步所对应的棋盘状态作为根节点的子节点。在各子节点对应的状态下，可供MIN选择的走步所对应的棋盘状态作为各子节点的子节点，同时也是叶节点，从而获得相应的博弈子树。然后，利用上述估价函数对各叶节点进行评估，评估值列于图3.7（a）中各叶节点旁。最后，从叶节点向上倒推，按极大极小搜索算法确定各非叶节点的倒推值。对于MIN节点，即图3.7（a）中第二层节点，取其所有子节点，即叶节点估计值的极小值，相应结果标注于图3.7（a）中第二层各节点旁。对于MAX节点，即图中根节点，取其所有子节点估计值的极大值，相应结果标注于图3.7（a）中根节点旁。根据这一倒推结果，在当前棋盘状态（空棋盘）下，MAX应选择的最好走步是使根节点倒推值为1的子节点所对应的走步。

图3.7（b）和图3.7（c）的极大极小搜索过程请读者自行推导。需要说明的是，当MAX在图3.7（c）所示棋盘状态下，选择

了倒推值最大的走步，即最下方的走步时，已经奠定胜局。此时，无论 MIN 如何应对，都无法挽回败局。

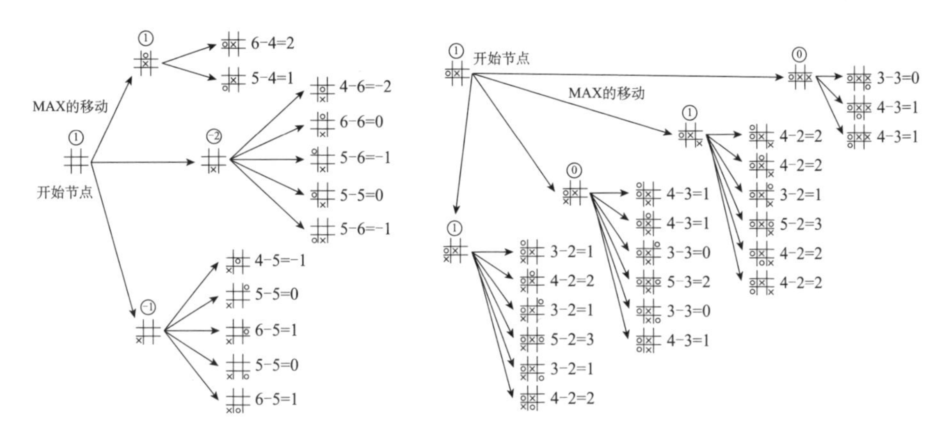

(a) MAX第一步时的博弈子树及其搜索过程　　(b) MAX第二步时的博弈子树及其搜索过程

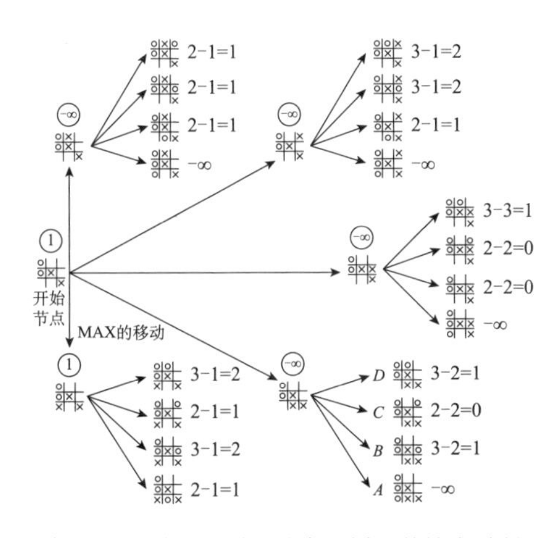

(c) MAX第三步时的博弈子树及其搜索过程

图 3.7　深度限制为 2 时三子棋极大极小搜索算法示意

练习

下面让我们来做几个极大极小搜索算法的练习题。

练习 3.1：3 层

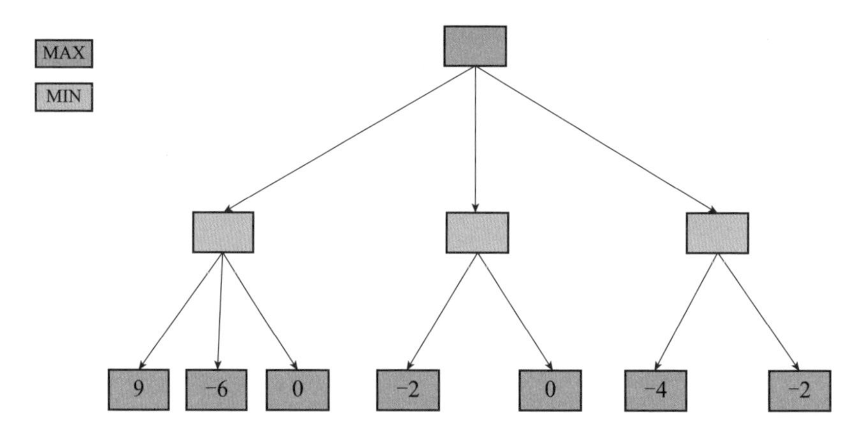

练习 3.2：4 层

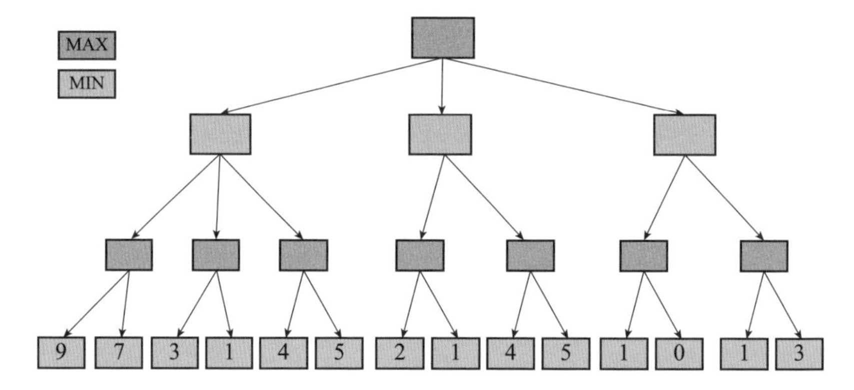

练习 3.3：5 层

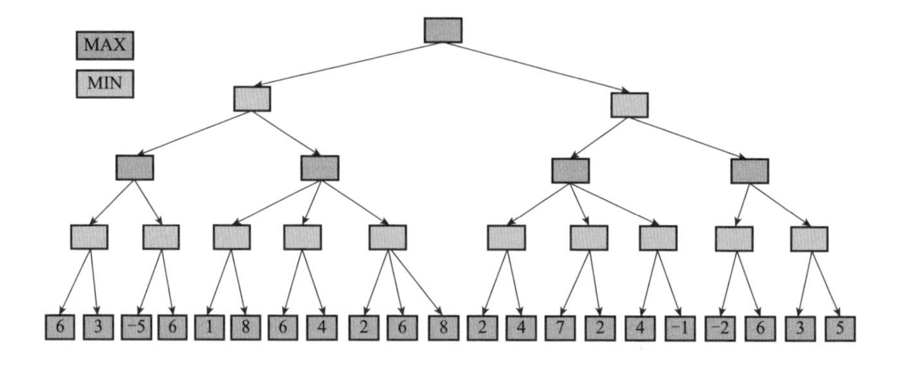

在上述练习中，我们可以发现，练习 3.3 的计算量相比练习 3.1 明显增大了很多。显然，随着博弈树的扩展，需要的计算量呈爆炸式增长。我们需要进一步减少极大极小搜索的计算量，由此诞生了 Alpha-Beta 剪枝搜索算法。

延伸阅读

极大极小算法伪代码

通过前面的练习，相信大家已经掌握了极大极小搜索算法，那么极大极小搜索用伪代码该如何表示呢？读者可以根据以下所示的代码和注释理解一下。

```
int miniMax(position p, int d)
{
    int bestvalue, value;
    if(Game Over)//检查棋局是否结束
      return evaluation(p);//棋局结束，返回估值
    if(d<=0)//是否叶子节点
      return evaluation(p);//叶子节点，返回估值
    if(p.color==BLACK)//是否轮到黑方走棋
      bestvalue=-INFINITY;//是，令初始最大值为极小
    else
      bestvalue=INFINITY;//否，令初始最大值为极大
    for(each possibly move m)//对每一可能的走法 m
        {
          MakeMove(m);//产生 m 对应的局面(子节点)
        Value=MiniMax(p,d-1);//递归调用 MiniMax 向下搜索子节点
```

```
        UnMakeMove(m);//恢复当前局面
        if(p.color = = BLACK)
              bestvalue = Max(value,bestvalue);//取最大值
        else
              bestvalue = Min(value,bestvalue);//取最小值

        }
    return bestvalue;//返回最大/最小值
}
```

3.3 Alpha-Beta 剪枝搜索

问题

通过 3.1 节的学习，我们知道了如何使用博弈树表征下棋的思考过程，但是为什么有的棋手思考时间长，有的棋手思考时间短呢？如何提高思考的效率呢？

Alpha-Beta（α-β）剪枝技术的基本思想是：生成博弈树的同时，计算评估各节点的倒推值，并且根据评估出的倒推值范围，及时停止扩展那些已无必要再扩展的子节点，即相当于剪去了博弈树上的一些分枝，从而节约了机器开销，提高了搜索效率。具体的剪枝方法如下。

（1）对于一个“与”节点MIN，若能估计出其倒推值的上界β，并且这个β值不大于MIN的父节点（一定是“或”节点）的估计倒推值的下界α，即$\alpha \geqslant \beta$，则不必再扩展该MIN节点的其余子节点(因为这些子节点的估值对MIN父节点的倒推值已无任何影响)。这一过程称为α剪枝。

（2）对于一个“或”节点MAX，若能估计出其倒推值的下界α，并且这个α值不小于MAX的父节点（一定是“与”节点）的估计倒推值的上界β，即$\alpha \geqslant \beta$，则不必再扩展该MAX节点的其余子节点（因为这些子节点的估值对MAX父节点的倒推值已无任何影响）。这一过程称为β剪枝。

下面以图3.8为例，详细说明Alpha-Beta剪枝搜索过程。该图为一个4层博弈子树。

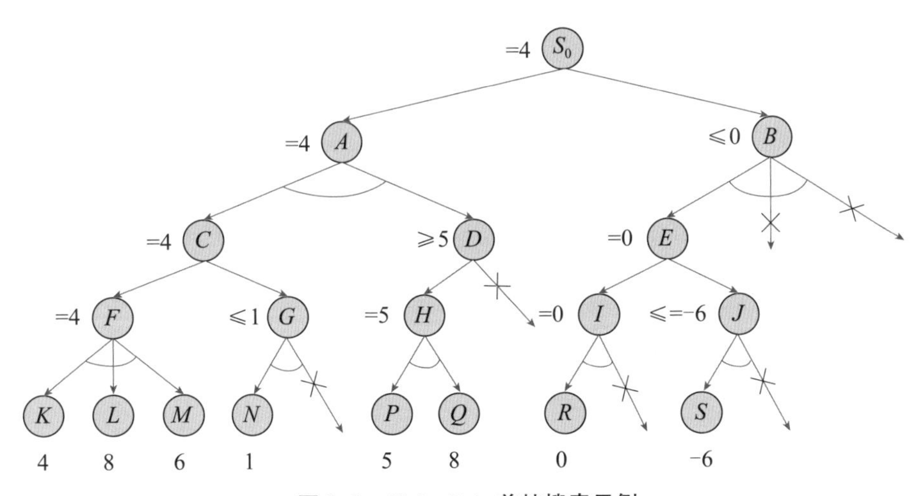

图3.8 Alpha-Beta剪枝搜索示例

首先从初始节点S_0出发，按有界深度优先向下扩展节点，即沿着最左侧分枝一直向下扩展，直到扩展完节点 F，获得节点 K、L、M 为止。这时计算节点 K、L、M 的估值，分别如图 3.8 中相应节点下的数字所示。F 为 MIN 顶点，根据极小规则，计算 F 的倒推值为 4。C 为 F 的父节点，并且是 MAX 节点，则该节点的倒推值应$\geqslant$4，即 C 的 α 值$\geqslant$4。根据有界深度优先策略，这时扩展节点 G。G 是 MIN 顶点，在得到 G 的第一个子节点 N 后，根据该子节点的估计值 1，可以确定作为其父节点的 G 的倒推值应$\leqslant$1，即 G 的 β 值$\leqslant$1。1$\leqslant$4，表明无论 G 的其他节点是否扩展，都不会对其父节点 C 的倒推值产生影响。于是发生 α 剪枝，停止搜索 G 的其他节点，如图 3.8 中节点 G 下方标注的剪枝符号所示。这时，可确定顶点 C 的倒推值为 4。

继续向上倒推，C 的父节点 A 作为 MIN 节点，其倒推值应$\leqslant$4。根据有界深度优先策略，这时沿着 A 的右侧分枝向下扩展，直到深度限制，从而得到叶节点 P 和 Q。计算两者的估值，向上倒推，确定节点 H 的估值为 5。H 的父节点 D 为 MAX 节点，可确定其倒推值应$\geqslant$5，即 D 的 α 值$\geqslant$5。5$\geqslant$4，表明无论 D 的其他节点是否扩展，都不会对其父节点 A 的倒推值产生影响。于是发生 β 剪枝，停止搜索 D 的其他子节点，如图 3.8 中节点 D 下方标注的剪枝符号所示。这样，A 的倒推值可确定为 4。

继续向上倒推，根节点 S_0 作为 MAX 节点，其倒推值应$\geqslant$4，即 S_0 的 α 值$\geqslant$4。根据有界深度优先策略，这时需沿着 S_0 的右侧分枝一直向下扩展，直到节点 I。在获得 I 的第一个子节点 R 后，根据 R 的估值可确定 I 的 β 值 $\leqslant 0$，该值小于其祖先 MAX 节点 S_0 的 α 值，发生 α 剪枝，停止搜索 I 的其他子节点。根据有界深度优先策略，这时沿着节点 E 的右侧分枝向下扩展，直到节点 J。

与节点 I 的情况相同，在获得 J 的第一个子节点 T 后，发生 α 剪枝，剪掉其他子节点。根据节点 I 和 J 的 β 值，节点 E 的倒推值最高为 0，其父节点 B 为 MIN 节点，相应的 β 值 $\leqslant 0$，小于其父节点 S_0 的 α 值，发生 α 剪枝，B 的其他分枝均可剪掉，不再搜索。最终确定根节点的倒推值为 4，并且在当前状态下的最好走步应为节点 A 对应的走步。

练习

下面练习一下 Alpha-Beta 剪枝搜索过程。

练习 3.4

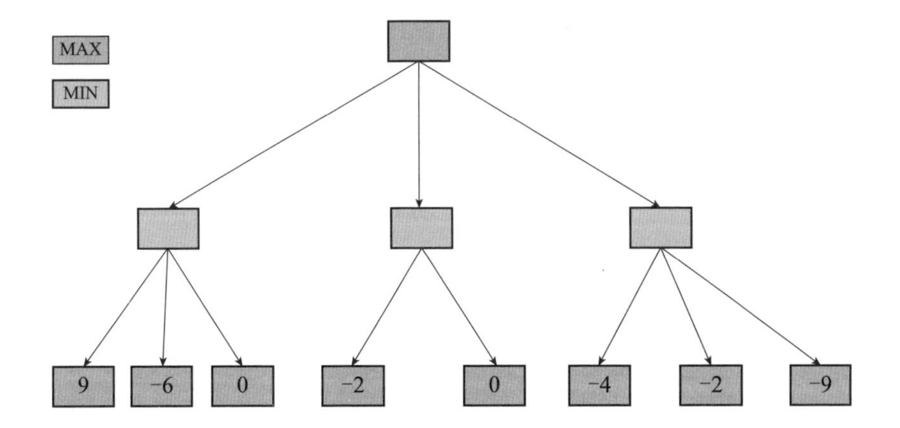

练习 3.5

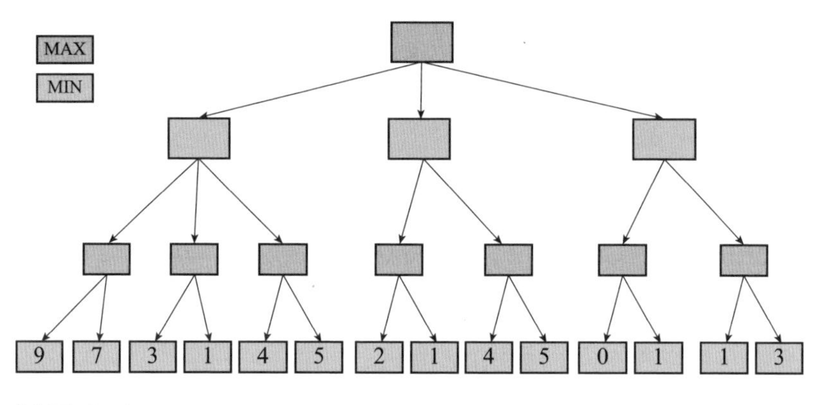

练习 3.6

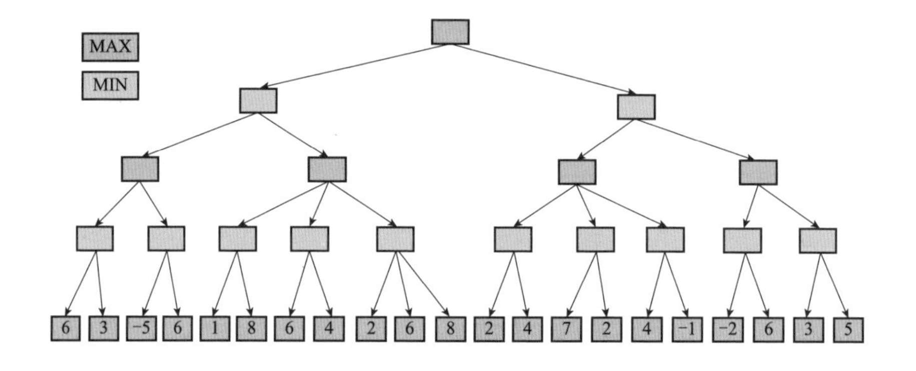

延伸阅读

深蓝计算机

深蓝计算机（以下简称“深蓝”）是由美国 IBM 公司开发的国际象棋电脑，在常规时间控制下赢得了与国际象棋世界冠军的比赛（见图 3.9）。深蓝重 1 270 千克，有 32 个大脑（微处理器），每秒钟可以计算 2 亿步。

深蓝于 1996 年 2 月与国际象棋世界冠军卡斯帕罗夫进行了第一

图 3.9　深蓝与卡斯帕罗夫的对弈

场比赛。但当时卡斯帕罗夫击败了深蓝，比分为 4∶2。深蓝随即开始升级，并于 1997 年 5 月再次对抗卡斯帕罗夫，以 3.5∶2.5 赢得了比赛，成为历史上第一个在标准国际象棋比赛中打败世界冠军的计算机系统。

如前所述，影响博弈效果的关键因素之一是评估函数。深蓝的评估函数考虑了 4 个基本要素：子力价值、位置、王的安全性和速度。子力价值比较容易理解，每种子的走法不同，威慑力也不一样。威慑力不同，价值也不一样。位置的判断则相对难一些。对位置评分的考虑因素是：己方子力控制的方格越多，位置就越好。王的安全性也是位置的一个方面，但注重的是防守，计算机需要给王的位置附上一个衡量安全的值，以明确如何进行防御。最后，速度也与位置有关，但更着眼于如何抢夺棋盘的控制权。如果一名棋手的局势进展缓慢，而对手的局势进展迅速，那么这名棋手就“失去了速度”。深蓝的程序设计人员让深蓝根据这些因素对棋局进行评分，在此基础上采用 Alpha-Beta 剪枝搜索方法进行对弈。

3.4 基于 Alpha-Beta 剪枝的五子棋博弈程序实现

基于 Alpha-Beta 剪枝算法原理，我们通过编程实现五子棋博弈程序。该程序与用户在电脑端或手机端进行五子棋人机对战。手机端界面如图 3.10 所示，用户可以点击“人机对战”按钮，在手机端与电脑端相连的情况下，实现人与 AI 的单机游戏。

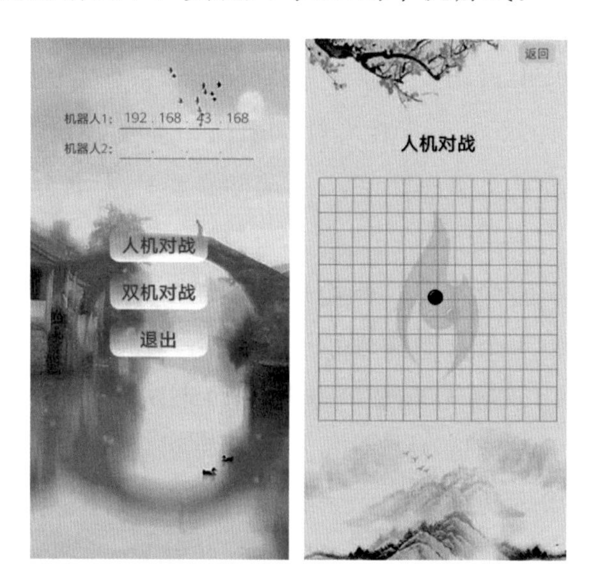

图 3.10　五子棋游戏手机端界面

3.4.1 五子棋游戏基本规则

为实现上述系统的五子棋博弈功能，有必要先了解五子棋游戏的基本规则。

(1) 双方相互顺序落子，已有棋子的位置不可落子。

(2) 最先在棋盘横向、竖向、斜向形成连续的相同色5个棋子的一方为胜。

(3) 如分不出胜负，则定为平局。

3.4.2 五子棋博弈程序构成

整合前面所述的内容，一个人机博弈的五子棋程序应采用博弈树方法对思考过程进行表示，在此基础上应用极大极小搜索原理和Alpha-Beta剪枝策略进行搜索，以发现最好的下棋位置。

下面具体介绍五子棋博弈程序的构成。

1. 计算机博弈程序的主要内容

一个程序要想实现让计算机能够下棋，至少应具备如下5个部分。

(1) 状态表示：某种在机器中表示棋局的方法，以使程序知道博弈的状态。

(2) 走法产生：产生合法走法的规则，以使对弈合乎规则地进行。

(3) 搜索技术：从所有合法的走法中选择最佳走法的技术。

(4) 估值函数：前述评估局势优劣的方法，配合搜索技术做出智能的选择。

(5) 对弈界面：有了界面，对弈才能进行。

2. 棋局状态表示及相关的数据结构

五子棋博弈程序的棋盘状态及主要数据（见图3.11）表示如下。

(1) COLUMN、ROW：定义棋盘的长和宽。

(2) list1、list2、list3、list_all：记录棋局的状态。

（3）ratio：设置 AI 的进攻系数。

（4）DEPTH：搜索深度，即 AI 思考的步数。

```
COLUMN = 15 #棋盘列数
ROW = 15  #棋盘行数
list1 = []  # AI下过的位置
list2 = []  # human下过的位置
list3 = []  # 全体下过的位置
list_all = []  # 整个棋盘的点
next_point = [0, 0]  # AI下一步最应该下的位置
for i in range(COLUMN+1):…
ratio = 1  # 进攻的系数   大于1 进攻型，  小于1 防守型
DEPTH = 3  # 搜索深度   只能是单数。 如果是负数， 评估函数
```

图 3.11　五子棋博弈程序的棋盘状态及主要数据

3. 走法产生

五子棋的走法产生相对简单。对五子棋盘来说，所有空白的交点位置都是合法的落子点。但为了减少计算量，仅在已经落子的位置附近搜索，走法产生的算法代码如图 3.12 所示。

```
def order(blank_list):
    last_pt = list3[-1]
    for item in blank_list:
        for i in range(-1, 2):
            for j in range(-1, 2):
                if i == 0 and j == 0:
                    continue
                if (last_pt[0] + i, last_pt[1] + j) in blank_list:
                    blank_list.remove((last_pt[0] + i, last_pt[1] + j))
                    blank_list.insert(0, (last_pt[0] + i, last_pt[1] + j))


def has_neightnor(pt):
    for i in range(-1, 2):
        for j in range(-1, 2):
            if i == 0 and j == 0:
                continue
            if (pt[0] + i, pt[1]+j) in list3:
                return True
    return False
```

图 3.12　走法产生的算法代码

4. 评估函数

在五子棋博弈程序的几大主要部分中，评估函数是与具体的棋类知识紧密结合的一部分，可以说评估函数在很大程度上决定了博弈程序的棋力高低。

本五子棋博弈程序的评估函数包括以下 3 个部分。

（1）shape _ score：自定义的棋型评估分数，五子棋中的对应棋型和分数如表 3.1 所示，详细讲解请参阅 3.4.3 节。

表 3.1　五子棋中的对应棋型和分数

	二子相连		三子相连		四子相连		五子相连
棋型	眠 2	活 2	眠 3	活 3	冲 4	活 4	连 5
分数	0	1	10	100	100	1 000	90 000

（2）cal _ score：根据 shape _ score 计算各个方向上的分值，对应的代码如图 3.13 所示。

```
# 每个方向上的分值计算
def cal_score(m, n, x_decrict, y_derice, enemy_list, my_list, score_all_arr):
    add_score = 0  # 加分项
    # 在一个方向上， 只取最大的得分项
    max_score_shape = (0, None)

    # 如果此方向上，该点已经有得分形状，不重复计算
    for item in score_all_arr:…

    # 在落子点 左右方向上循环查找得分形状
    for offset in range(-5, 1):…

    # 计算两个形状相交， 如两个3活 相交， 得分增加 一个子的除外
    if max_score_shape[1] is not None:…

    return add_score + max_score_shape[0]
```

图 3.13　计算各个方向上的分值

该部分代码从 4 个方向来考虑当前棋局的情况，分别为水平、垂直、左斜、右斜。在这 4 个方向上综合考虑以形成对布局情况的认识，进而计算在该处下子的重要程度。

（3）evaluation：调用 cal _ score，分别计算双方得分，相减为最终得分，算法代码如图 3.14 所示。

```
# 评估函数
def evaluation(is_ai):
    total_score = 0
    if is_ai:…
    else:…
    # 算自己的得分
    score_all_arr = []  # 得分形状的位置 用于计算如果有相交 得分翻倍
    my_score = 0
    for pt in my_list:…
    #  算敌人的得分， 并减去
    score_all_arr_enemy = []
    enemy_score = 0
    for pt in enemy_list:…
    total_score = my_score - enemy_score*ratio*0.1
    return total_score
```

图 3.14　计算双方的得分及最终得分

以上算法的意思是搜索整个棋盘，得出双方共有多少个不同的棋型，最后对双方各部分分别求和，便得到当前局势的评价值。

5. 搜索算法

主要用到的是前面详细讲过的 Alpha-Beta 剪枝算法：在 DEPTH 深度范围内，对空白位置进行搜索，计算得分，存储相应的 α 值与 β 值，符合条件时进行剪枝操作，对应的代码如图 3.15 所示。

```
# 负值极大算法搜索 alpha + beta剪枝
def negamax(is_ai, depth, alpha, beta):
    # 游戏是否结束 | | 探索的递归深度是否到边界
    if game_win(list1) or game_win(list2) or depth == 0:…
    blank_list = list(set(list_all).difference(set(list3)))
    order(blank_list)   # 搜索顺序排序  提高剪枝效率
    # 遍历每一个候选步
    for next_step in blank_list:
        global search_count
        search_count += 1
        # 如果要评估的位置没有相邻的子， 则不去评估  减少计算
        if not has_neightnor(next_step):…
        if is_ai:…
        else:…
        list3.append(next_step)
        value = -negamax(not is_ai, depth - 1, -beta, -alpha)
        if is_ai:…
        else:…
        list3.remove(next_step)
        if value > alpha:
            if depth == DEPTH:
                next_point[0] = next_step[0]
                next_point[1] = next_step[1]
            # alpha + beta剪枝点value
            if value >= beta:
                global cut_count
                cut_count += 1
                print('第{}次剪枝:  value={}, alpha={}, beta={}'.format(cut_count,value,alpha,beta))
                return beta
            alpha = value
    return alpha
```

图 3.15　搜索算法

3.4.3　评估棋局的得分

如前所述，评估函数（也称评价函数）是博弈类游戏中 AI 算法的重要部分，用于评估每步决策后的对局形势，从而决策出对 AI 最有利、对对方最不利的一步。

对于五子棋博弈，该如何设计评估函数呢？这就需要基于五子棋的棋局知识来进行设计了。在五子棋对弈过程中，会出现以下这些情况：连五、活四、冲四、活三、眠三、活二、眠二，下面将一一进行介绍。

1. 连五

连五即 5 颗同色棋子连在一起，表示一方已获胜，如图 3.16

所示。

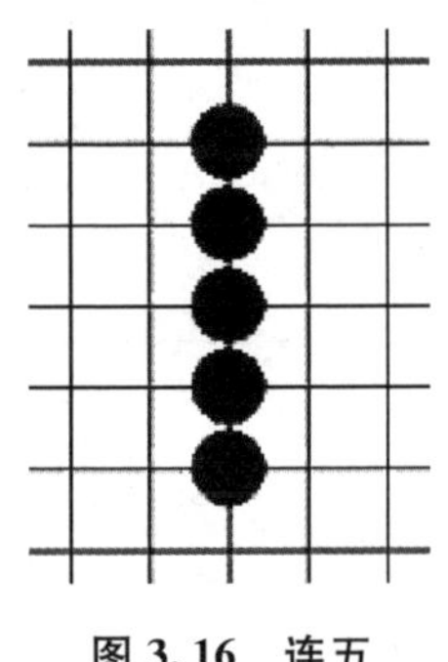

图 3.16　连五

2. 活四

活四有两个连五点，即有两个点可以形成五，如图 3.17 所示。图中的白点即为连五点。当活四出现时，如果对方单纯进行防守，则已经无法阻止一方连五。

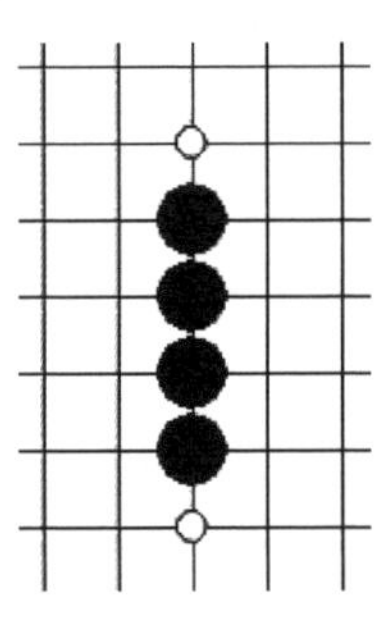

图 3.17　活四

3. 冲四

冲四有一个连五点。图 3.18 是 3 种冲四棋型。图中白点为连五点。相对活四，冲四的威胁性小了很多。因为在此时，对方只要跟着防守在那个唯一的连五点上，冲四就无法形成连五。

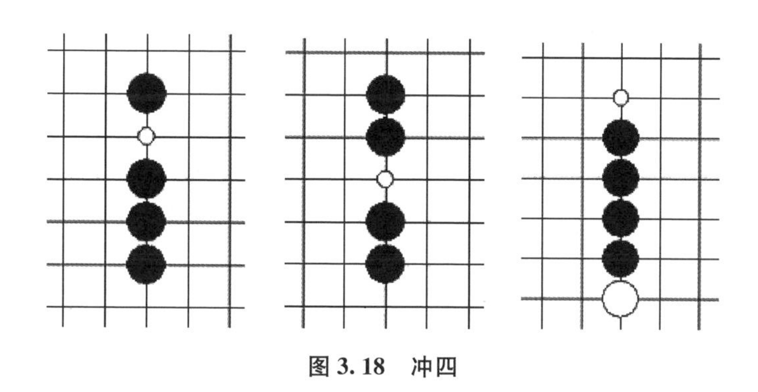

图 3.18　冲四

4. 活三

活三是可以形成活四的三子情况。图 3.19 是两种最基本的活三棋型。图中白点代表从活三到活四的点。活三棋型是进攻中最常见的一种，因为活三之后，如果对方不理会，则可以在下一手将活三变成活四，如此对方就无法单纯防守住。因此，当我们面对活三的时候，需要谨慎对待。在没有更好的进攻手段的情况下，需要对其进行防守，以防止对方形成可怕的活四棋型。

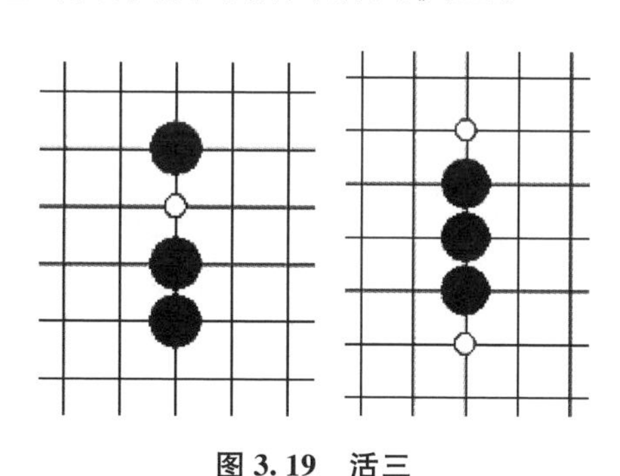

图 3.19　活三

5. 眠三

眠三是只能形成冲四的三子情况。图 3.20 是 6 种基础的眠三棋型。图中白点代表从眠三到冲四的点。眠三棋型与活三棋型相比，危险系数下降不少，因为眠三棋型即使不去防守，下一手它也只能形成冲四，而对于单纯的冲四棋型，是可以防守住的。

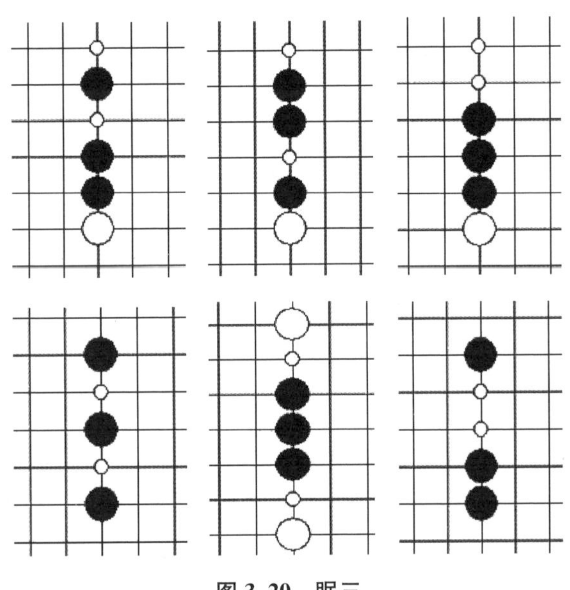

图 3.20 眠三

6. 活二

活二是能够形成活三的二子情况。图 3.21 是 3 种基本的活二棋型。图中白点代表从活二到活三的点。活二棋型看似无害，因为它下一手棋才能形成活三，等形成活三再防守也不迟。但其实活二棋型是很重要的，尤其是在开局阶段，如果能够形成较多的活二棋型，则活三可以不断形成，让对手防不胜防。

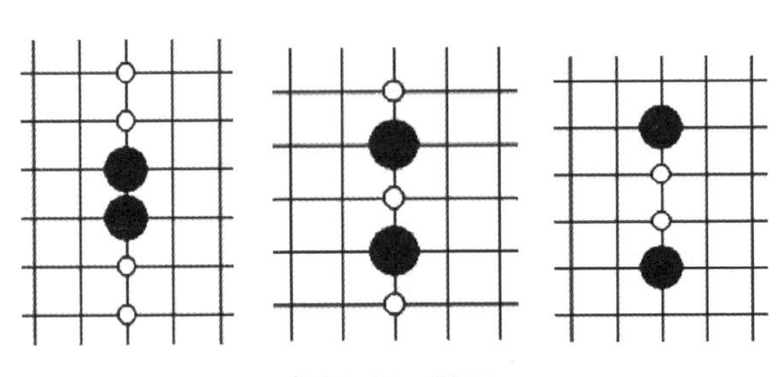

图 3.21 活二

7. 眠二

眠二是能够形成眠三的二子情况。图 3.22 是 4 种基本的眠二棋型。细心且喜欢思考的读者会从上面介绍的眠三棋型中找到与这 4 种基本眠二棋型都不一样的眠二。图中白点代表从眠二到眠三的点。

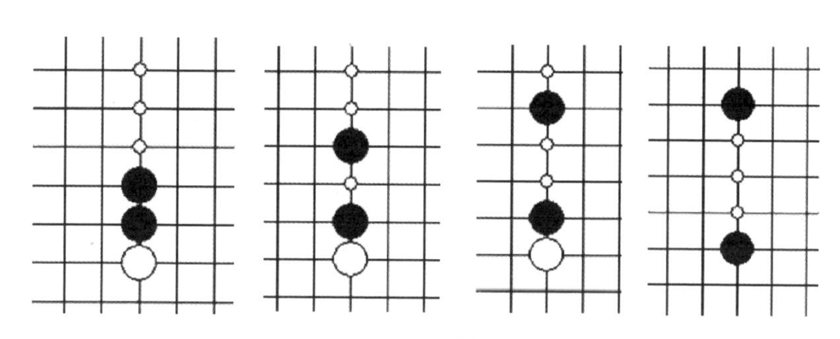

图 3.22　眠二

由上面的介绍可知，有 7 种有效的棋型（连五、活四、冲四、活三、眠三、活二、眠二）。相应地，我们可以创建黑棋和白棋两个数组，记录棋盘上黑棋和白棋分别形成的所有棋型的个数，然后按照一定的规则进行评分。

AI 下的位置就是在所有可行位置中评分结果最高的位置，评分结果最高意味着 AI 觉得这个位置对自己是最有利的，胜率最高。可以发现眠二、活二、眠三、活三、冲四、活四、连五这 7 种棋型获胜的概率依次递增，因此其对应的评估值也依次递增。按照这样的认识，给出基本棋型的评分，再采用前面的计算方法，即可获得整体棋局的评分。下面给出一种基本棋型的评分方法。

```
Score = [
        (1,(0,1,1,0,0)),          #活 2
        (1,(0,0,1,1,0)),          #活 2
```

```
    (4,(1,1,0,1,0)),          #眠3
    (10,(0,0,1,1,1)),         #眠3
    (10,(1,1,1,0,0)),         #眠3
    (100,(0,1,1,1,0)),        #活3
    (100,(0,1,0,1,1,0)),      #活3
    (100,(0,1,1,0,1,0)),      #活3
    (100,(1,1,1,0,1)),        #冲4
    (100,(1,1,0,1,1)),        #冲4
    (100,(1,0,1,1,1)),        #冲4
    (100,(1,1,1,1,0)),        #冲4
    (100,(0,1,1,1,1)),        #冲4
    (1000,(0,1,1,1,1,0)),     #活4
    (90000,(1,1,1,1,1))]      #连5
```

该函数中，7种棋型分别用五元数组来表示，1表示该位置有子，0表示该位置为空。每种棋型赋予一个评估值。例如，连五的五元数组表示为（1，1，1，1，1），其评估值为90 000。

思考

（1）以上五子棋棋型考虑周全了吗？

（2）你能设计一种不同的五子棋棋局状态评估函数吗？

实践

通过上述介绍，我们了解了五子棋博弈程序的实现过程，下面自己动手试试吧！

1. 运行程序。

（1）打开命令提示符。

(2) 进入 gobang 目录，假如程序存放在 C:\xxxxxx\gobang 目录下，则操作命令为：

```
cd  C:\xxxxxx\gobang
```

(3) 运行以下命令。

```
ipconfig  #查找 ip 并记录
set FLASK_ENV = development
set FLASK_APP = test.py
python test.py
```

(4) 打开 App，输入刚刚找到的 ip。

(5) 点击“人机对战”按钮，开始游戏。

2. 修改评分参数，再次运行程序。

(1) 用编辑器打开文件 gobang_AI.py。

(2) 修改模型的评估分数。

(3) 再次运行程序，进行对弈。

3. 尝试不同的参数，观察 AI 在实际对弈中的表现，分析其不足并改进策略。

练习

请模仿本章所述五子棋游戏的算法，实现下面取石子游戏的算法。

一天，小方在寝室闲着无聊，和室友玩起了取石子游戏。游戏的规则是这样的：设有一堆石子，数量为 N（$1\leqslant N\leqslant 1\,000\,000$），两个人轮番取出其中若干石子，每次最多取 M 个（$1\leqslant M\leqslant 1\,000\,000$），最先把石子取完者胜利。小方和他的室友都十分聪明。如果让小方先取，他能赢得游戏吗？

第 4 章

进化计算

知识地图

本章首先介绍生物进化机制，将进化与搜索进行类比。其次介绍进化搜索算法的设计过程，以八皇后问题为例，基于给出的参数进行编程实现。然后阐述博弈程序中如何利用进化算法搜索神经网络中的最优参数。最后利用本章提出的进化搜索算法实现五子棋博弈程序的自我进化。

本章知识地图如图 4.1 所示。

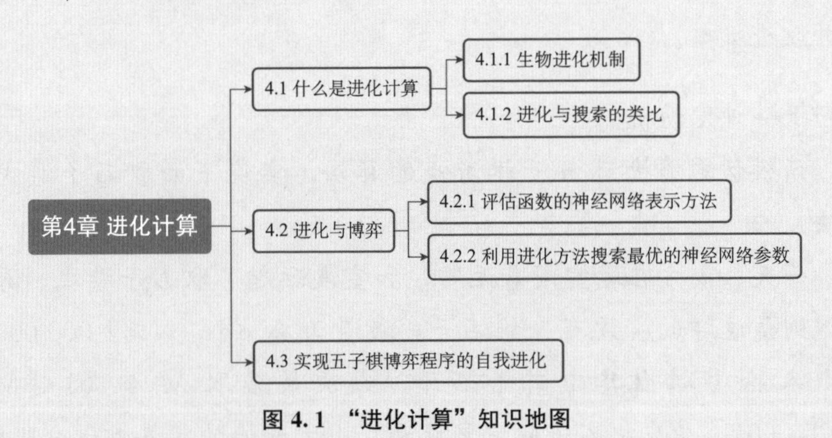

图 4.1 “进化计算”知识地图

学习目标

知识与技能：

1. 了解生物进化机制和进化计算原理。

2. 理解进化计算算法流程及如何搜索神经网络最优参数。

过程与方法：

通过实现五子棋博弈程序的自我进化，提升学生自主探究能力，增强学生创新意识。

情感与态度：

1. 正确看待进化计算技术的价值。

2. 增强对进化计算技术学习的兴趣。

体验

发动机喷射管的形状是影响推力的重要因素。最优的喷射管形状是怎样的？按照生物进化理论，人类形体是在自然选择下进化形成的。是否可以用类似的方式来获得喷射管的最优形状呢？图 4.2 显示了一种发动机喷射管形状的进化过程。首先我们用切片方式来表示喷射管的形状，即将喷射管沿其中轴切成很多小片，再设定每个切片的直径，就获得了一种具体的喷射管形状。将每种形状视为一个个体，形状导致的发动机推力大小用来反映形状的优劣，作为个体的适应度。从初始个体开始，使其形状发生变异获得下一代个体，然后根据个体的适应度，按照优胜劣汰原则对形状进行选择。将这一过程一代一代地进行，直到最终获得理想的形状。图 4.2 (a) 为初始个体，图 4.2 (b) 为一代一代进化的过程，图 4.2 (c) 为经过 45 代进化后最终得到的最优个体。

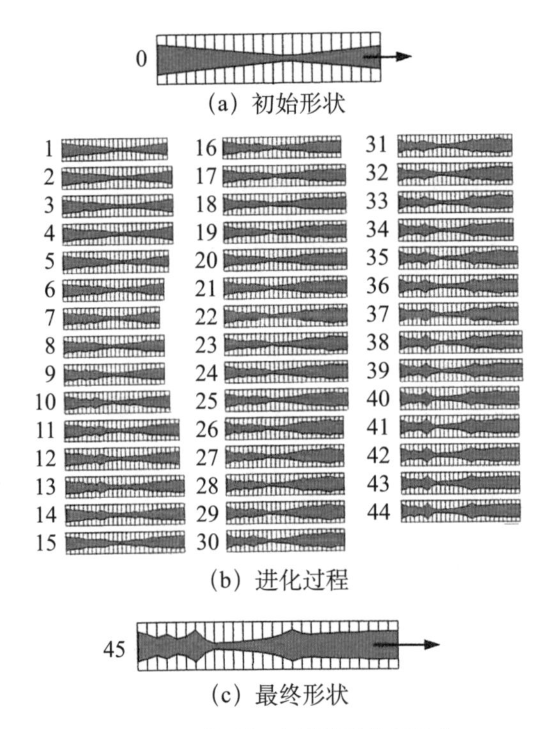

图 4.2 发动机喷射管形状的进化

我们可以用类似的方法来解决任意一个寻找最优答案的问题吗?

4.1 什么是进化计算

问题

能否模仿人类智能的起源,通过生物进化机制来自动进化得到高级的人工智能?

4.1.1 生物进化机制

问题

生物是怎样进化的?

按照达尔文的生物进化论，地球上的每个物种都经历了漫长的进化历程。生物在繁衍生息的过程中，使自身品质不断改良以逐渐适应生存环境，显示了生物优异的自组织能力和对自然环境的自适应能力。这种生命现象被称为进化。

生物进化是以物种群体的形式进行的，组成群体的单个生物被称为个体。每个个体对其生存环境有不同的适应能力，这种适应能力被称为个体对环境的适应度。

达尔文的学说以“自然选择、适者生存”为人所熟知，其表明：具有较强的环境变化适应能力的生物个体具有更高的生存能力，使得它们在种群中的数量不断增加，同时该生物个体所具有的性状特征在自然选择中得以保留和发展。

而在上述进化过程中，生物遗传机制是基础。生物的所有遗传信息都包含在生物细胞中的染色体上。染色体主要由蛋白质和DNA构成。具有遗传效应的 DNA 片段就是生物遗传的物质单位，称为基因。生物的各种性状受相应基因的控制。基因组合的特异性决定了生物的多样性，基因结构的稳定性则保证了生物物种的稳定性，而繁殖过程中基因的重组和突变造成同种生物世代之间或同代不同个体之间的差异，使物种进化成为可能。

综上，在环境因素的影响下，生物物种通过自然选择和生物繁殖这两个基本过程实现进化。

（1）自然选择包括父代选择和子代选择。父代选择是从当前这一代中选择出繁殖后代的个体，用于产生新的个体。子代选择是从产生的新个体中获得真正进入下一代的个体。

（2）生物繁殖包括重组和突变两种机制（见图 4.3）。重组用于对来自不同父代的遗传物质或性状进行随机组合，以产生不同于父代的新个体。那些在生物进化过程中形成的对自然环境有良好适应能力的信息由子代个体继承下来。突变是指个体的遗传物质或性状发生突然的改变，从而形成具有新遗传物质或性状的子代个体。这种改变是一种不可逆的过程，具有突发性、间断性和不可预测性的特点。突变对于保证生物群体的多样性具有不可替代的作用。

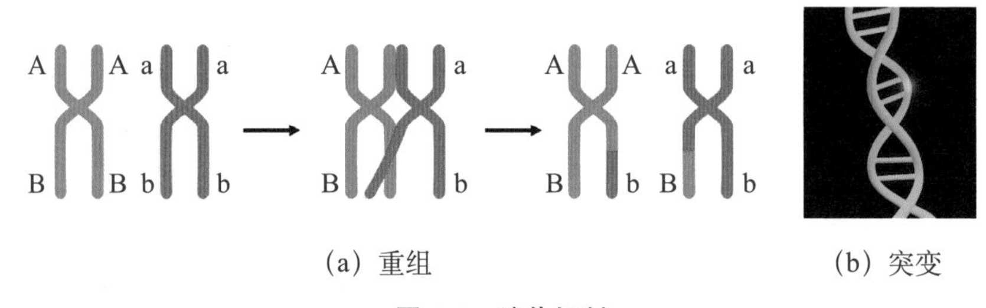

（a）重组　　（b）突变

图 4.3　遗传机制

思考

重组和突变的区别是什么？

延伸阅读

基因型进化与表现型进化

如今，达尔文提出的生物进化学说已经被人们普遍接受。但是在进化对象上，人们还存在两种不同的意见。一种基因型观点认为：进化发生在染色体上，而不是发生在由它们所编码的生物体上，进化是“基因”的变化。而另一种表现型观点则认为：基因型观点是对进化的误解，实际上并没有发生进化的单一地点，进化应该是“生物种群的适应性和多样性”的变化，它主要是一个行为适应的过程，而不是基因适应的过程。这两种不一致的观点，必然导致对进化计算的不同哲学解释和不同的具体实现，相应地形成了两大类进化算法：遗传类算法（遗传算法、遗传规划）和进化类算法（进化规划、进化策略）。

遗传类算法的创始者接受了基因型观点。因此，遗传算法的核心是对染色体的模拟和在模拟染色体上的遗传操作。解的优化在染色体的变化中得以实现和表现。进化类算法的创始者则接受了表现型观点。因此，在进化类算法中不考虑基因、染色体等遗传物质，仅根据定义在问题解上的抽象遗传操作和系统性能的改进获得最优解。在没有明确的生物进化证据的支持下，很难说这两种不同的进化计算观点孰优孰劣。

4.1.2　进化与搜索的类比

问题

能否将如上所述的生物进化机制用于解决人工智能中的搜索（优化）问题？

如上所述，通过自然选择和生物繁殖这两个基本过程，自然界中的生物经历着不断循环的进化过程。在这一过程中，生物群体不断发展和完善。可见，生物进化过程本质上是一种优化过程，使生物群体作为一个整体变得越来越好。

优化同样是人工智能中的核心问题之一，这一问题通常也被称为搜索问题。很多人工智能问题都可看作在可能的答案中找到最优答案的搜索问题。如前面学过的机器学习与神经网络，就是通过机器学习方法找到最优的神经网络参数的搜索问题。

既然进化是生物界的一种优化（搜索）方法，那么做一下适当的类比，我们应该也可以仿照类似的机制来解决人工智能中的搜索问题。图 4.4 就是进化与搜索的一个类比。如图所示，个体就是候选解（如神经网络中的参数）；个体适应度就是候选解的质量（解的好坏，如神经网络用来做识别时的准确率）；环境就是面临的问题（如用神经网络做人脸识别）。

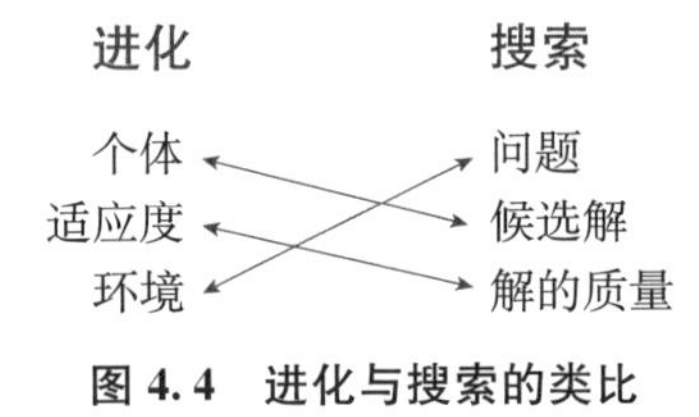

图 4.4　进化与搜索的类比

根据进化与搜索的类比，可以获得进化算法。其构成包括以下两部分。

（1）选择算子，用于模拟自然选择，包括父代选择算子和子代选择算子，其作用与自然选择中的父代选择和子代选择是类似的。

（2）遗传算子，用于模拟遗传操作，包括交叉算子和重组算子，其工作形式与生物个体的交叉和重组类似。

选择算子和遗传算子有很多种，是进化算法设计的重要方面，我们将在下面的案例中看到具体的例子。

基于上述构成，进化算法的工作流程如图 4.5 所示，整个算法以群体为基础，一代一代地对群体进行进化。首先，对于当前一代，先通过父代选择算子从中选出若干个体作为父母。然后这些父母结合，通过交叉算子产生新的个体，再经过突变算子使新个体产生变化，获得子代个体。最后通过子代选择算子，从子代个体中选择可以替代父代的个体，使部分子代个体和部分父代个体形成新的一代。这一过程持续进行，直至达到理想的结果或达到迭代次数的限制。

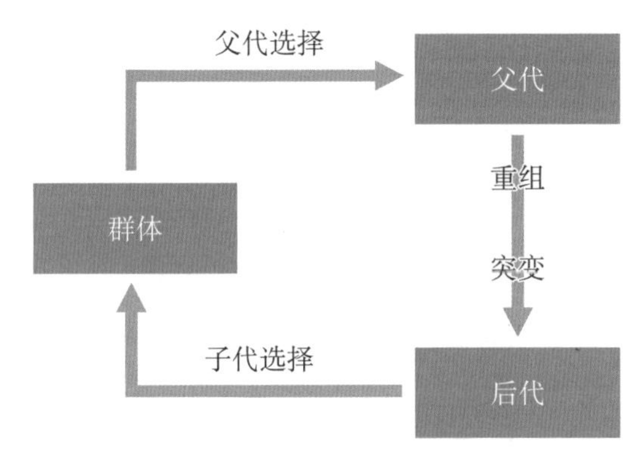

图 4.5　进化算法的工作流程

根据上述原理，建立一个进化算法共需如下几步。

（1）设计一种解的表示形式。

（2）设计一种基因型与表现型之间的转换方法（该步骤只有基因型算法需要，表现型算法不需要）。

（3）设计解的适应度函数。

（4）设计合适的遗传算子：突变、重组。

（5）设计合适的选择算子：父代选择和子代选择。

（6）初始化种群及终止算法。

例 4.1　八皇后问题

以八皇后问题为例。在 8×8 格的棋盘上摆放 8 个皇后，使其不能互相攻击，即任意两个皇后都不能处于同一行、同一列或同一斜线上，求解符合规则的摆法。

如何利用本节提出的进化算法解决该问题呢？设计过程如下。

1. 设计解的表示形式

表现型：皇后的分布情况。基因型：数字 1～8 的排列。该排列表示每列皇后所在的行号。图 4.6 显示了一个具体的例子，其中数字“1”表示第 1 列中的皇后位于第 1 行，数字“3”表示第 2 列中的皇后位于第 3 行，以此类推。

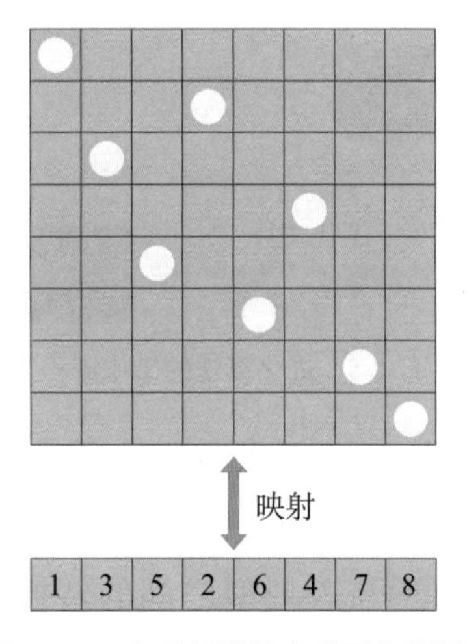

图 4.6　八皇后问题的表现型和基因型

2. 设计解的适应度函数

(1) 一个皇后的惩罚值：与该皇后发生冲突（位于同一行、同一列、同一斜线上）的其他皇后的数量。

(2) 一种摆法的惩罚值：在该摆法中，所有皇后对应的惩罚项之和。

（3）一种摆法的适应度：求解该摆法对应惩罚项的倒数。按照进化的意义，适应度越大越好，而在本问题中，摆法的惩罚值越小越好，最理想的值应为 0。因此，通过求惩罚值的倒数，便将这个最小化问题转换成了最大化问题。

3. 设计合适的遗传算子：突变、重组

（1）突变。如图 4.7 所示，对于一个个体，随机选择该个体上的两个位置，交换这两个位置上的值。设突变概率为 80%。这一概率是指执行突变时，可能获得希望的结果，也可能保持不变，其可能性由该概率决定。

图 4.7　用于求解八皇后问题的一种突变算子

（2）重组。对于两个个体，随机选择排列中的一个位置，将该位置后两个个体的基因进行互换。以图 4.8 为例，左侧上下两行分别为两个父代个体，两者左起第 3 和第 4 列之间的竖线代表随机选中的位置，以该位置为界，将两个父代个体的右侧子串上下做一下交换，于是得到右侧的两个新个体，作为交叉的结果。设交叉概率为 100%，这一概率的含义与上面的突变概率类似。

1	3	5	2	6	4	7	8
8	7	6	5	4	3	2	1

→

1	3	5	5	4	3	2	1
8	7	6	2	6	4	7	8

图 4.8　用于求解八皇后问题的一种重组算子

4. 设计合适的遗传算子：父代选择和子代选择

（1）父代选择。随机挑选 5 个个体，然后从中选择适应度最大的两个作为父母进行交叉运算。

（2）子代选择（替换）。将新生成的个体插入群体中时，选择现有成员替换，替换规则是：① 通过适应度降序对整个种群进行排序；② 从前到后扫描群体成员；③ 如当前被扫描的个体的适应度小于新个体的适应度，则将新个体插入该处，并淘汰排序在最后面的个体。

5. 初始化种群及终止算法

（1）初始化种群。种群的大小对算法的收敛性会产生很大的影响，本章采用的初始化种群的方法为随机法，算法将随机生成用户设定数量的个体作为初始种群。

（2）终止算法。给定最大迭代次数，当算法迭代次数达到所规定的最大迭代次数时，算法终止。

汇总以上设计，可得表 4.1 所示的解决八皇后问题的进化算法运算符及参数。

表 4.1 解决八皇后问题的进化算法运算符及参数

算法要素	设计结果	算法要素	设计结果
表示方法	基因型：皇后的排列位置向量	子代选择	替换较差的父代
重组	剪切与交叉填充	种群规模	100
重组概率	100%	子代数量	2
突变	位置交换	初始化	随机生成
突变概率	80%	终止条件	得到求解结果或达到 10 000 次迭代
父代选择	随机选出 5 个，再从中选择 2 个最好的		

进化算法可以解决哪些问题？

延伸阅读

DNA计算

随着技术的快速发展，传统的电子计算机技术已经无法满足人们对计算机性能的需求，DNA计算目前成为新型计算机技术研究的热点。DNA计算是一种信息学与生物学相结合的全新计算模式，其基本思想是利用生物有机分子的信息处理能力，将不同分子进行杂交得出类似数学计算过程中某种组合的结果。

DNA作为生物体内遗传信息的载体，是一种双链螺旋结构，其基本构件是核苷酸，由糖基、磷酸基和含氮碱基组成。DNA中有4种含氮碱基：腺嘌呤（A）、胸腺嘧啶（T）、鸟嘌呤（G）和胞嘧啶（C）。这些含氮碱基在DNA中按特定顺序排列以对遗传信息编码。腺嘌呤和胸腺嘧啶之间（A-T）及鸟嘌呤和胞嘧啶之间（G-C）形成氢键，称为碱基互补配对。虽然DNA本身不具备计算能力，但具有强大的信息存储能力，可利用DNA的双螺旋结构和碱基互补配对的性质，以DNA和相关生物酶为基本材料，利用生化反应对DNA进行计算操作。

1994年伦纳德·阿德曼（Leonard M. Adleman）首先提出了DNA计算模型的概念，利用DNA进行简单的生物操作，解决了经典的旅行商问题。旅行商问题是指在一个城市网络中，如何使一个旅行商能访问所有的城市且仅访问一次，并使所走过的距离总和最小。图4.9显示了澳大利亚的一个城市网络，其中节点表示城市，边和箭头表示城市之间能否连通。旅行商问题就是在类似这样的网络中，按上述要求规划一种最优的城市访问顺序。

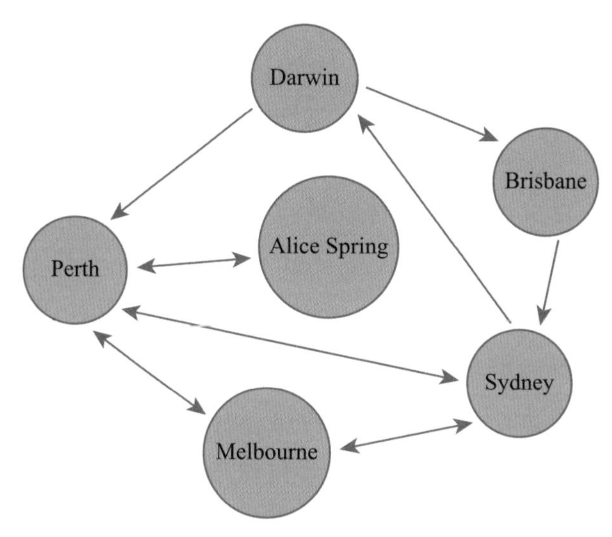

图 4.9　旅行商问题（以澳大利亚城市为例）

针对上述旅行商问题，阿德曼设计的 DNA 计算过程如下。

第 1 步，将城市网络图中的每个节点编码成一个随机的 DNA 序列，编码结果如下。

Sydney - TTAAGG

Perth - AAAGGG

Melbourne - GATACT

Brisbane - CGGTGC

Alice Spring - CGTCCA

Darwin - CCGATG

第 2 步，将城市网络图中每条边编码成相应的 DNA 序列，该序列由源节点编码序列的后一半和目标节点编码序列的前一半所对应的互补碱基组成。例如，Sydney 编码后三位为 AGG，Melbourne 编码前三位为 GAT，则对应的 Sydney 到 Melbourne 的边的编码为 TCCCTA。

Sydney → Melbourne - AGGGAT(TCCCTA)

以此类推。通过这样的方式，就能利用 DNA 碱基之间的互补性，通过生化反应，将两个城市连接为一个旅行商行走的顺序。

第 3 步，将城市对应的 DNA 序列与边对应的 DNA 序列在试管中进行混合，使其发生生化反应，从而不断产生各种不同的对应城市访问顺序的 DNA 序列，如下面的例子。

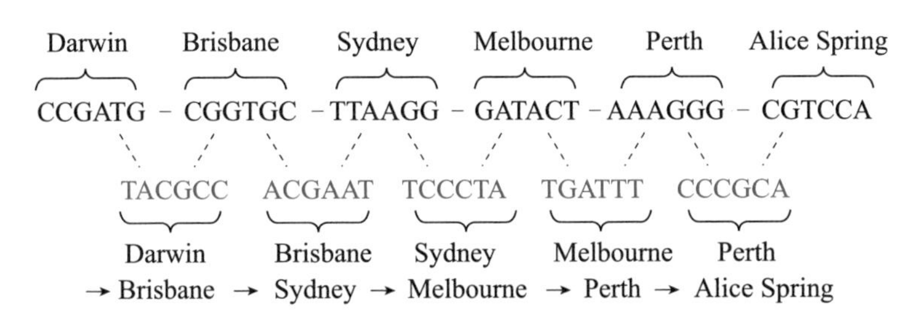

第 4 步，生化反应结束后，在所有结果中检查编码成理想路径的 DNA 分子是否存在。

DNA 计算有以下特色和优势。

(1) 极其密集的信息存储。例如，一张老式 CD 只能容纳 800MB 数据，1 克 DNA 却可以容纳大约 10^{14} MB 数据。将容纳 1 克 DNA 所含的信息所需的 CD 数量按边对边排列，将绕地球 375 圈，需要 163 000 个世纪才能听完。

(2) 巨大的并行性。一个试管可以包含数十亿条 DNA 链，而试管中的每次操作都是在其中的所有链上并行进行的。

(3) 非凡的能源效率。阿德曼的 DNA 计算机只用 1 焦耳的能量就可运行 2×10^{19} 次操作。

DNA 计算机与传统计算机的比较如表 4.2 所示。

表 4.2　DNA 计算机与传统计算机的比较

DNA 计算机	传统计算机
单个操作慢	单个操作快
同时进行数以亿计的操作	同时进行有限的操作
存储量巨大	存储量有限

续表

DNA 计算机	传统计算机
实现计算需要做大量的准备	实现计算只需要键盘输入
对化学变质敏感	工作可靠

4.2 进化与博弈

问题

博弈程序可以进化吗?

4.2.1 评估函数的神经网络表示方法

问题

博弈程序中的关键要素是什么?如何对其进行改进?

如前所述，在采用 Alpha-Beta 剪枝搜索进行机器博弈的算法中，影响博弈效果的关键因素之一是评价函数，其优劣直接影响博弈程序的表现。好的评价函数能够让博弈程序表现得更“聪明”，具有更高的博弈水平。

在机器博弈发展的早期，评价函数主要由算法研究者根据人们的下棋经验来设计。第 3 章就是采用这样的方法来确定评价函数的。这种方法受人为经验的影响，很难得到足够理想的评价函数，制约了机器博弈程序的表现，特别是在较复杂博弈中的表现。因此，随着机器博弈技术的发展，人们越来越多地依赖机器学习或进化计算技术来自动得到理想的评价函数。

为自动获得评价函数，首先要解决的一个问题是如何表示评价函数。关于这一点，第 2 章所述的神经网络是一种通用的工具，即可以用前馈型神经网络来表示任意的函数，尤其是实际应用中不知道其形式的函数。因此，神经网络在机器博弈中得到了广泛采用。对于本书所涉及的五子棋博弈问题，我们同样可以用一个神经网络来表达其评估函数。图 4.10 是相应的神经网络结构。如图所示，该网络输入棋盘状态，输出对应棋盘状态的得分，对己方越有利的状态，得分越高，反之得分越低。首先，15×15 的棋盘上共有 225 个格子，确定每个格子的棋子情况（己方棋子、对方棋子、无棋子）就构成了一种状态。我们用 0 表示无棋子，1 表示己方棋子，－1 表示对手棋子，则棋盘状态对应了 225 个这样的数字，将该数字串作为神经网络的输入。神经网络本身是一个三层的全连接网络，即上一层每个神经元的输出都连接到下一层的所有神经元上。经过三层运算后，便能将输入的 225 个数字转换成一个唯一的评估函数值作为输出。

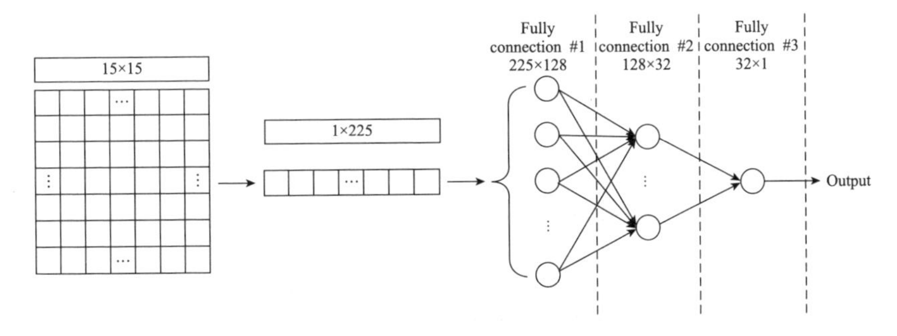

图 4.10　评价五子棋棋盘状态的神经网络

思考

为什么可以将神经网络看成一个函数？

延伸阅读

实际博弈系统中的神经网络

1. AlphaGo 围棋程序

AlphaGo 采用策略网络预测对手最有可能的落子位置。该网络的计算过程如图 4.11 所示。s 表示棋盘状态。其中，0 代表无棋子，1 代表己方棋子，—1 代表对手棋子。将 s 作为神经网络的输入。该神经网络是一个卷积神经网络，输出棋盘上每一位置处适合落子位置的概率，概率越高，表示对应位置对己方越有利。

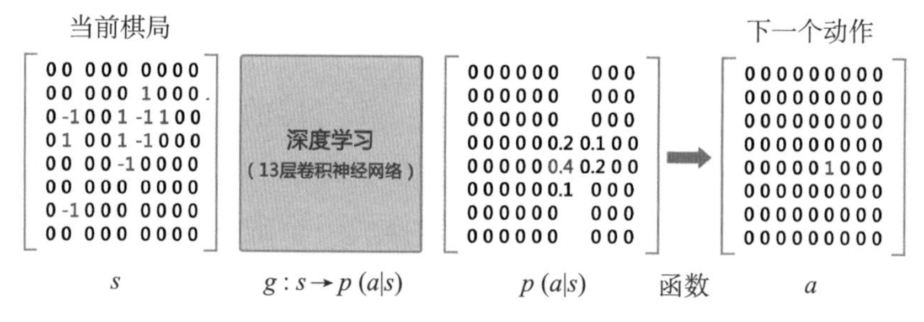

图 4.11　AlphaGo 评估落子可能性的计算过程

资料来源：D. Silver，etc. Mastering the game of go with deep neural networks and tree search [J]. Nature，2016，529：484－489.

具体地说，上述网络是一个 13 层的卷积神经网络，其结构如图 4.12 所示。首先，棋盘大小为 19×19，棋盘的初始状态用 19×19×48 的张量表示。然后，填充至 23×23 的大小，并用 192 个大小为 5×5 且步长为 1 的卷积核进行卷积操作，得到 19×19×192 的张量。接着，使用 192 个大小为 3×3 且步长为 1 的卷积核进行卷积操作，得到第二个 19×19×192 的张量。之后，使用 192 个大小为 1×1 且步长为 1 的卷积核进行卷积操作，得到与棋盘大小相等的 19×19 的矩阵。最后，对该矩阵执行 Softmax 计算，获得棋盘上每个位置处对应的落子概率。

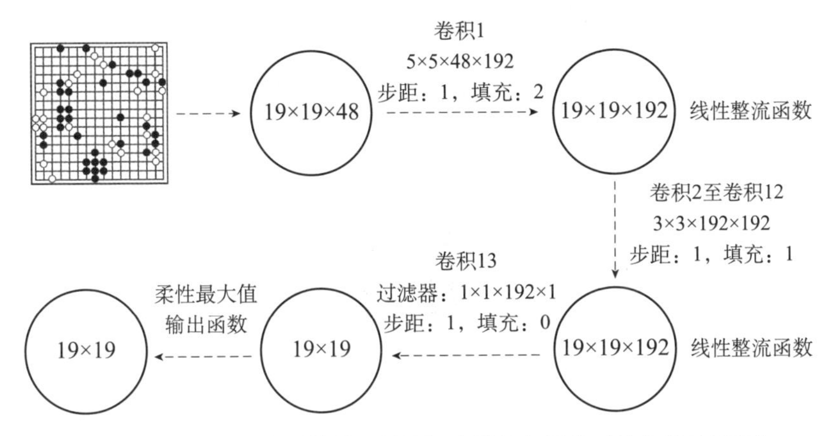

图 4.12　AlphaGo 中计算落子位置概率的神经网络（称为策略网络）

资料来源：D. Silver，etc. Mastering the game of go with deep neural networks and tree search [J]. Nature，2016，529：484-489.

2. TD-Gammon 西洋双陆棋程序

西洋双陆棋是有着 5 000 年历史的古老游戏，如图 4.13 所示。对弈双方各有 15 个棋子，每次靠掷两个色子决定移动棋子的步数，最先把棋子全部转移到对方区域者获胜。具体规则如下：棋盘分为 4 部分，或称四大区，每部分用黑、白颜色交替标出 6 个楔形狭长区或小据点。一条称作边界的垂直线把棋盘分成内区和外区。比赛时一方使用 15 枚白棋子，另一方使用 15 枚黑棋子。双方根据其所掷色子上显示的点数，从各自的内区（也称本区）朝相反方向从一个据点到另一个据点移动自己的棋子。两枚色子显示的点数可分别用来移动两枚棋子，也可以把它们加起来移动一枚棋子。当色子显示两个相同的数字时，加倍计算。例如，色子显示两个 6 点，则应按 4 个 6 点计算。

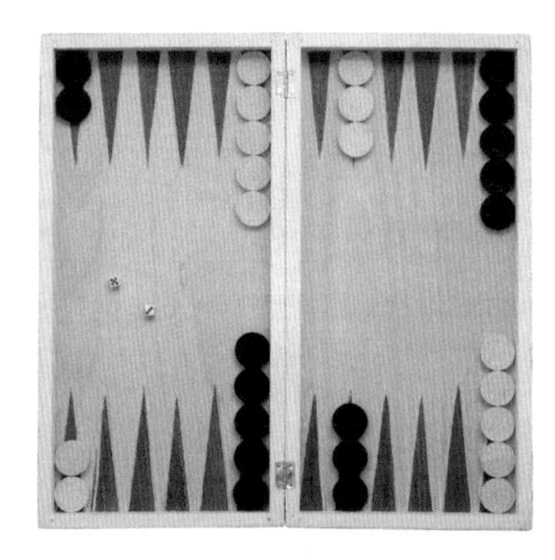

图 4.13 西洋双陆棋

1995 年，杰拉尔德·特索罗（Gerald Tesauro）开发了一个结合时间差分强化学习和神经网络的算法，并命名为 TD-Gammon，专攻双陆棋。TD-Gammon 使用一个三层神经网络，其结构如图 4.14 所示。其中，198 个输入神经元表示棋盘状态；隐含层有 40～80 个神经元；最后的输出层输出对棋盘状态的评价值，表示在该状态下获胜的概率。

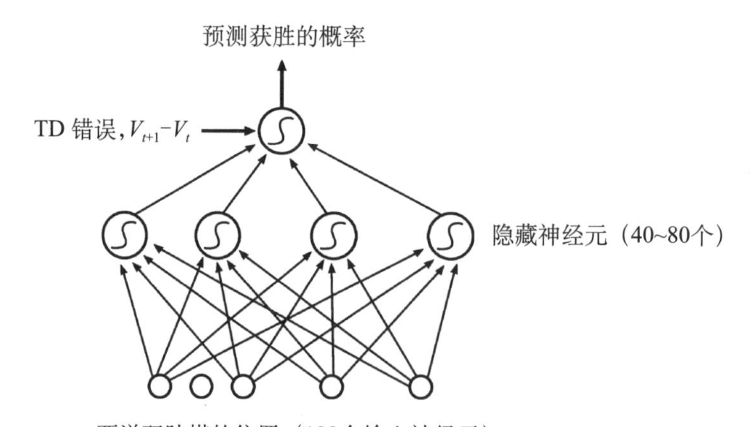

图 4.14 TD-Gammon 中评估西洋双陆棋状态的神经网络

3. 西洋跳棋

西洋跳棋历史悠久，棋盘大小为10×10，黑白双方各有20个扁圆柱形的棋子，通过抛硬币决定谁是黑方，其界面如图4.15所示。它有许多种玩法，是一种两人玩家的棋，棋子按斜角走，可跳过对手的棋子并吃掉它。具体规则如下：(1) 跳吃，对角线方向邻近黑格内有对方棋子，并且再过去的黑格是空位，即可跳过对方棋子并将对方棋子吃掉，如果没有跳吃，则只能沿对角线方向向前移动一格；(2) 加冕，任何一个棋子到达对方底线便立刻加冕，从此便成为“王”，这时应在升王的棋子上面再放一个棋子，以便与普通棋子区分开；(3) 连跳，跳吃可以由多次跳吃组成，如果具备连续跳吃的条件，则必须连续跳吃，除非不再具备跳吃的条件或未加冕的棋子到达对面的底边，才可以结束跳吃，未加冕的棋子只能向前移动，但是在跳吃或连续跳吃的时候可以向前、向后或前后组合；(4) 只有停止在对方底线上的棋子才能加冕，如果一个棋子在跳吃过程中行进到底线又离开了底线，最后没有停止在底线上，则该棋子不能升王；(5) 王可以在对角线方向上移动任意多格，同样，在跳吃时，王可以跳过对方棋子前后任意数量的空格，一般棋子可以吃掉王；(6) 当某一着法结束之后才将吃掉的棋子从棋盘上移出时，任何被吃掉的棋子虽然还没有从棋盘上移出，但也不许再跳经该棋子，也就是说被吃掉的棋子形成了屏障；(7) 跳吃如果具有多种选择，必须选择吃子最多的着法，如果不止一个棋子或不止一条路线可以跳吃对方同样最多的棋子，玩家可以自主选择哪个棋子或朝哪个方向行进；(8) 对弈过程中经双方同意可以和棋，如果一方拒绝和棋，则该方需要在后续的40步内获胜，或者明确地显示出优势。

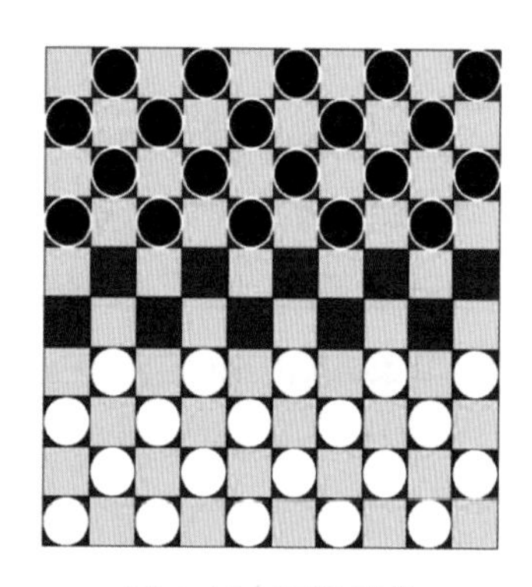

图 4.15　西洋跳棋

2002 年，福格尔（Fogel）和切拉皮纳（Chellapilla）设计了一个西洋跳棋程序 Blondie 24，该程序同样利用神经网络对棋局状态进行评估。该网络输入层接收当前棋盘状态，经过两层隐含层和一层输出层后，输出当前状态对应的评估值。各层之间都是全连接结构。图 4.16（a）显示了该网络的整体结构，图 4.16（b）则显示了其输入形式。如图所示，将棋盘划分成不同大小的小方块，具体地说，包括 36 个 3×3 的、25 个 4×4 的……1 个 8×8 的部分重叠方块区域。将所有区域同时输入神经网络。区域中每个位置上有 5 种可能的取值：0 表示空格，1 表示该方格上有自己的棋子，−1 表示该方格上有对方的棋子，K 表示该方格上有自己的王，−K 表示该方格上有对方的王。通过划分不同尺度的小方格输入，可以充分体现棋局的局部信息和全部信息。

对于上述神经网络中的参数（共 5 046 个权值），Blondie 24 程序通过进化算法获得理想的参数。将每个神经网络（评估器）作为一个个体，该个体的适应度通过以该个体为核心构建的博弈程序下棋的输赢来反映。在此基础上，便可采用类似前述八皇后例子中的进化算法对神经网络进行进化，也就是对博弈程序进行进化，得到

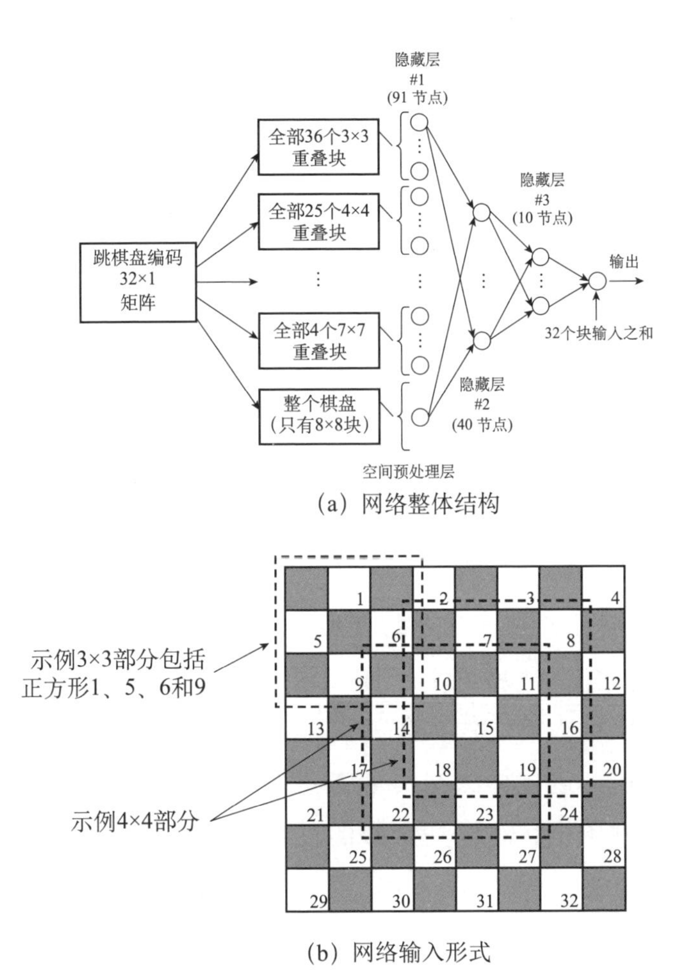

(a) 网络整体结构

(b) 网络输入形式

图 4.16　Blondie 24 西洋跳棋博弈程序中评估状态的神经网络

资料来源：D. B. Fogel，K. Chellapilla. Verifying Anaconda's expert rating by competing against Chinook: experiments in co-evolving a neural checkers player [J]. Neurocomputing，2002，42：69－86.

越来越强的博弈个体。Blondie 24 程序在经过 840 代进化后，达到了顶尖选手水平，胜率高达 99.61%。

4.2.2 利用进化方法搜索最优的神经网络参数

问题

如何获得上述五子棋评估用神经网络中的最优参数，使得下棋胜率最高？

以上通过神经网络表达了评估函数的形式，但只有在神经网络的参数都确定以后才能获得有高超下棋水平的神经网络。接下来，我们通过进化算法来搜索这个评价函数网络的最佳参数。

我们可采用（$\mu+\lambda$）进化策略算法实现神经网络的进化。在该算法中，每个神经网络为一个个体。进化时，每一代的个体总数为 μ，该 μ 个个体共产生 λ 个子代个体，再从 μ 个父代个体和 λ 个子代个体中选择 μ 个个体形成下一代。这样一代一代进行，直至达到理想的适应度或最大的迭代次数为止。

如前所述，进化算法的两个主要组成部分是遗传算子和选择算子。为解决五子棋状态评估函数的进化，所确定的遗传算子和选择算子分别如下。

1. 遗传算子

遗传算子包括交叉和变异。

（1）单个个体的变异操作为：针对该个体对应的数字串中的每个数字，生成一个随机数，将随机数与原来的数字相加，从而得到一个新的数字，完成变异。例如，原数字为 5，生成的随机数字为 0.5，则新数字为 5.5。随机数的大小受变异强度的影响，变异强度越大，随机数越大；反之越小。变异强度也是一个数值，其本身也在变异，以减少该参数对算法效果的影响。变异强度的变异同样用生成的随机数与原来数字相加的方式进行。

（2）两个个体的交叉操作为：采用图 4.8 所示的算子，针对两个个体对应的数字串，随机选择数字串中的一个位置，将该位置前后的数字子串进行交换，由此形成两个不同于父代的新个体。同上，交叉操作既作用于个体，也作用于变异强度。

2. 选择算子

选择算子包括父代选择和子代选择。

（1）父代选择以随机选择的方式，每次从 μ 个父代个体中随机挑选出两个作为产生后代的父母。

（2）子代选择根据适应度选择幸存者。对适应度按照从大到小的顺序排序，然后选取适应度排在前 μ 个的个体作为幸存者。这里，对神经网络适应度的计算采用锦标赛方式。一个神经网络实际对应一个博弈程序。因此，对于每个个体，从当前群体的其他个体中选择若干个体与其博弈，然后统计该个体的胜率作为其适应度，这样就能保证优秀的个体有更高的机会成为幸存者。

基于以上要素，本节五子棋博弈棋局评价函数的进化算法流程如下。

第 1 步：初始化第一代种群。

第 2 步：重复。从种群中随机挑选两个父代，经过交叉和突变产生一个子代，直至产生 λ 个子代。

第 3 步：循环。对（$\mu+\lambda$）种群中的每个个体 A，从（$\mu+\lambda$）种群的除 A 以外的个体中挑选出 N 个个体；令 A 与 N 个对手分别对弈，计算 A 的胜率。

第 4 步：将所有（$\mu+\lambda$）个体的胜率按照从大到小的顺序排列，保留排名前 μ 位的个体作为新的种群。

第 5 步：如果没有达到结束条件，回到第 2 步；如果达到结束条件就停止。

思考

1. 可以使用第 2 章介绍的监督学习方法对上述神经网络进行学习吗？

2. 在评价个体适应度时，为何要用锦标赛方式？为什么“一局定生死”的方式不理想？

延伸阅读

进化策略中的突变算子

进化策略算法的特点是采用高斯随机分布实现突变，其计算公式为：

$$\begin{cases} x_i' = x_i + \sqrt{\sigma_i} \cdot N_i(0,1) \\ \sigma_i' = \sigma_i + \sqrt{\eta \cdot \sigma_i} \cdot N_i(0,1) \end{cases} \tag{4-1}$$

式中，x_i'表示个体的突变；σ_i 表示高斯分布的方差。根据高斯分布的特性，σ_i 值越大，产生的随机数就越大；反之越小。是的，该值就是上面所说的突变强度。σ_i'表示突变强度的突变，计算公式与个体的突变公式类似，只是高斯分布的方差乘了一个系数，以使个体的变化与突变强度的变化有所区别。

综合起来，该公式表明先用一个高斯分布产生对个体变化的随机数，加上原值后变化为新值。然后用另一个高斯分布产生对突变强度变化的随机数，加上原突变强度后变化为新的突变强度。

4.3　实现五子棋博弈程序的自我进化

问题

如何利用上面所述的进化方法实现五子棋博弈程序的进化?

准备好神经网络作为棋局状态评估函数，再将 4.1 节所述的进化算法嵌入五子棋博弈过程中，即可完成五子棋博弈程序的进化。此时，外部环境为博弈过程。个体既指对棋局状态进行评估的函数，也指由该函数界定的下棋程序。于是，个体之间可以相互对弈，从而通过锦标赛方式确定其适应度。在此基础上，通过选择和遗传操作，从上一代个体演变为下一代个体。图 4.17 显示了这一过程。如此不断演化，直到算法停止，此时取出适应度最高的个体作为最后的进化结果，即最优的下棋程序。

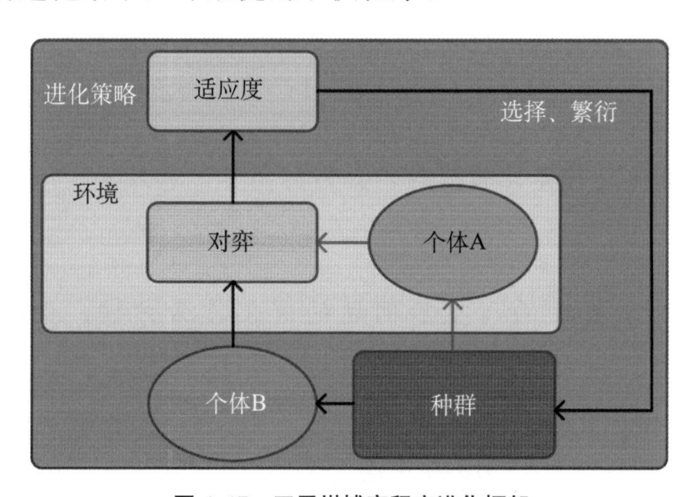

图 4.17　五子棋博弈程序进化框架

实践

完成五子棋博弈程序进化实验。

第 1 步：准备神经网络结构，调整结构的超参数（神经元层数、每层神经元个数等）。

第 2 步：将评价函数替换为神经网络，并修改博弈程序，使神经网络能够正常发挥作用。

第 3 步：准备进化策略中的相关方法，包括种群初始化方法、选择算子、遗传算子。

第 4 步：实现锦标赛方式的进化策略。

第 5 步：运行程序，对神经网络进行进化，观察进化过程中适应度的变化。

第 6 步：保存进化得到的最优神经网络参数文件。

第 7 步：将最优神经网络加载至博弈程序中，形成其中的评价网络。

第 8 步：启动博弈程序，与人对弈，测试其博弈水平。

第 9 步：撰写实验报告。

思考

进化算法总体是比较慢的，如何提高其计算效率？

练习

实现本章所述的八皇后问题的进化搜索方法，观察其进化过程。

第 5 章

行为智能

知识地图

本章首先介绍行为智能的概念及来源。然后通过网格世界问题讲解基于马尔可夫决策过程对行为智能建模，在此基础上引出采用强化学习方法获得行为控制策略，介绍经典的 Q 学习算法。最后讲解足球机器人的硬件模块和行为智能，以及使用行为智能方法实现单个足球机器人的行为控制。

本章知识地图如图 5.1 所示。

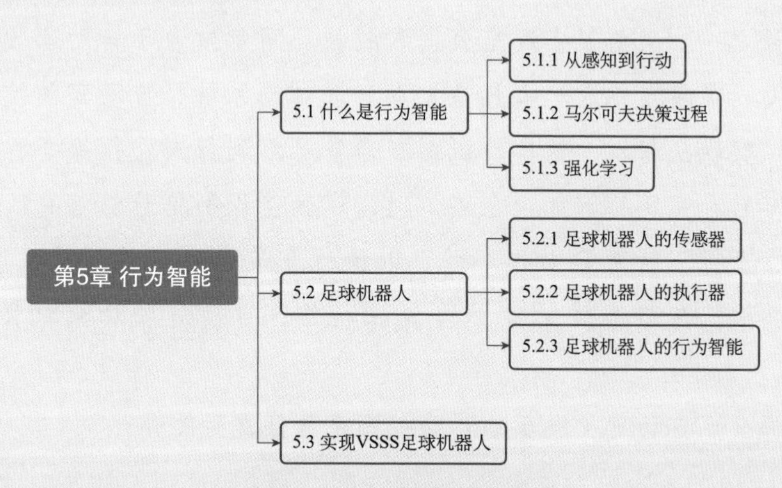

图 5.1 “行为智能”知识地图

学习目标

知识与技能：

1. 理解行为智能的概念及相关算法原理。

2. 了解足球机器人的硬件构成及行为智能。

过程与方法：

通过足球机器人实例加深学生对行为智能的认识，增强学生的探究能力。

情感与态度：

1. 提升学生对行为智能的兴趣。

2. 启发学生对强化学习算法的思考。

体验

自动驾驶作为当下汽车行业的前沿技术，是人工智能的主要应用场景之一。当前很多汽车公司和科技公司都致力于自动驾驶技术的研发，很多在售汽车也具备自动驾驶辅助系统。自动驾驶技术已经可以实现从起步、泊车、识别交通信号灯到行人让行等全程都由无人车自己完成。例如，在路口时，车辆能识别信号灯信息，做出停车、直行、转弯等动作，还可以执行靠最左侧车道行驶、掉头、向右并线、在路旁缓缓停下等复杂动作。自动驾驶场景如图 5.2 所示。

那么，自动驾驶汽车的行为控制是怎样发生的呢?

图 5.2　自动驾驶场景

5.1　什么是行为智能

问题

人类能蹒跚学步，机器能获得这种能力吗？

5.1.1　从感知到行动

问题

行为智能是通过大脑思考实现的吗？

行为智能关注的是人的行为能力，即对外界环境的变化做出反应的能力，充分体现在人们的运动、游泳、开车等行为上。行为智能最早来源于对机器人的行为控制研究，因此又被称为控制学派。

美国麻省理工学院布鲁克斯教授的研究使得行为主义引起了人工智能研究者的广泛关注。在此之前，表示和推理被认为是智能系统的核心。为了对外界刺激做出反应，智能系统需要能够表示外界环境和求解目标，在此基础上进行推理，确定所要采取的行动。这一过程可总结为“感知-表示-推理-行为”模式，即典型的符号智能模式。

布鲁克斯则认为表示和推理对智能系统的行为能力并不是必需的，存在“感知-行为”模式。智能的表现形式之一是直接对感知到的外界刺激做出合适的反应，并且智能系统所具有的在环境刺激与系统反应之间建立映射的能力来自在不断的“感知-行为”过程中对外界环境的逐渐适应。

在“感知-行为”模式思想下，布鲁克斯及其合作者建造了多个机器人。他们为机器人构造了分别完成不同行为的各个行为模块，其中既包括避障、移动等低层次行为模块，也包括漫游、目标规划等高层次行为模块。这些行为模块用有限状态自动机实现，它们之间的协调通过所谓的“包容结构”来完成。在包容结构下，没有传统人工智能系统中的中央控制部分。机器人的感知部分与行为模块直接联系，不同行为模块并行执行，使得机器人能在外界的刺激下触发适当的行为。同时，在这种结构下，可以灵活地为机器人增加新的行为模块，从而不断增强其能力。布鲁克斯相信，利用这种包容结构，可以建造越来越聪明的机器，直至达到人类智能水平。

布鲁克斯与其合作者按照包容结构先后建造了一系列机器人，其中具有代表性的 3 个机器人分别被命名为艾伦（Allen，纪念人工智能先驱艾伦·纽韦尔）、赫伯特（Hebert，纪念人工智能先驱赫伯特·西蒙）和成吉思汗（Genghis），如图 5.3 所示。

艾伦的传感器部分由 12 个超声声呐组成。它的行为部分则包括 3 个相互独立的行为模块。其中，第一层行为模块用于躲避物体，包括静止物体与活动物体；第二层行为模块用于在没有躲避物体的状态下随机漫游；第三层行为模块用于向远距离位置移动。

(a) 艾伦　(b) 赫伯特　　(c) 成吉思汗

图5.3　布鲁克斯的机器人系列

资料来源：http：//www. ai. mit. edu/projects/humanoid-robotics-group/retired-robots/retired-robots. html.

赫伯特装备有30个用于躲避近处障碍物的红外传感器和1个探测深度信息的激光传感器。此外，在赫伯特的手上还有用于帮助其抓取物体的传感器。赫伯特的工作任务是在繁忙的麻省理工学院人工智能实验室中清理办公桌上的饮料罐。它通过大约15个简单行为模块的相互协调来完成这一任务。

成吉思汗是形如蟑螂的六足机器虫。它的传感器用于监控晃动时身体倾斜的角度、腿摆动的力度等。在此基础上，它的每条腿都是独立控制的，被赋予了几种简单的行为，以便在不同情况下让它们知道应该怎样移动，从而表现出良好的行走能力。成吉思汗不仅可以在平坦的地面上行走，而且可以在高低不平的地面上行走，甚至可以在斜坡上行走，还可以翻越像电话簿那样的障碍物。在这个过程中，没有人预先“告诉”成吉思汗遇到像电话簿、斜坡等特殊情况时应当怎样移动。但它在遇到这些情况时可以很好地找到解决问题的方法。成吉思汗的设计过程充分体现了包容结构的特点，其行为模块不是一次形成的，而是逐渐增加的。在增加新行为时，研究者并没有对原来的行为进行任何修改。新的高层次行为只是在需要的时候覆盖在基本行为之上，在不需要的时候并不起作用。

与布鲁克斯的工作相应，我们可以将行为智能定义为：通过感知器感知外界环境，进而通过执行器做出适当行为的智能。

具有行为智能的实体称为自主智能体，简称智能体，其应具有下述特点。

（1）现场性：智能体应工作在某种环境中，并能与环境进行交互。

（2）自主性：智能体应能在无须干涉的情况下自主运行。

（3）主动性：智能体应能在自身目标的驱使下表现出主动的行为。

（4）反应性：智能体应能感知外界环境并根据环境变化做出适当的反应。

（5）社会性：智能体应能与其他智能体相互通信，并在此基础上进行协调与协作。

思考

传感器和执行器是行为智能所必需的，等同于人的什么器官？试举出一些机器使用传感器和执行器的例子。

延伸阅读

包容结构

包容结构由各个任务导向的行为模块构成，各行为模块单独构建。不同层次模块之间具有联系，高层模块对低层模块的行为起到一定的控制作用，但这种影响对于低层模块是不可见的，高层模块只在需要时插入来抑制低层模块的行为。不同层次模块可以逐渐向系统中添加，使系统逐渐展现越来越复杂的行为。

图5.4显示了布鲁克斯包容结构的示意图和具体应用。在图5.4（a）中，智能体1～4代表4个不同的具有输入和输出的智能体，它们之间是并行的，以分层的方式决定系统的实际行为。其中较高层的智能体对较低层的智能体有一定的控制作用，如果上层智能体被激活，它可以抑制下层智能体的输出，并接管对行为的控制。例如，图中的智能体4对智能体3具有一定的控制作用，当智能体4被激活时，将抑制智能体3的输出，并接管对行为的控制。图5.4（b）是布鲁克斯包容结构的具体应用案例，描述了机器人的步行腿进行迈步行走的行为。在该案例中，底层的行为是前进或后退；中层的行为是腿的抬起或放下，并且只有在腿抬起时才能前进或后退；顶层的行为是时钟控制，从而使机器人有节奏地行走。高层次行为在需要时能够抑制低层次行为的输出，从而形成系统的实际行为。

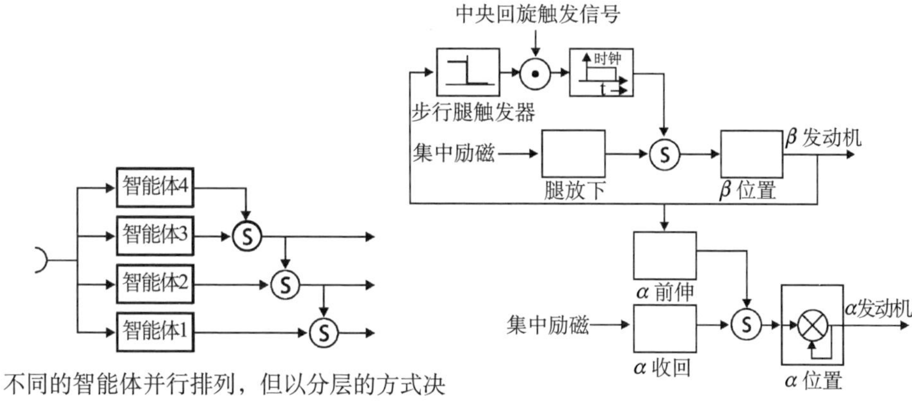

（a）布鲁克斯包容结构示意　（b）布鲁克斯包容结构的具体应用

图5.4　包容结构示例

5.1.2 马尔可夫决策过程

问题

如何对行为智能建模?

为了用计算的方法实现行为智能，我们需要对智能体行为决策的过程进行建模，通常建模为马尔可夫决策过程，其形式如图 5.5 所示。智能体在与环境的交互中表现出行为，并达成自己的目标。在这一过程中，智能体在每步决策中根据当前观察到的环境状态，从所有可能的动作中选择一个动作执行，该动作执行后，将使智能体获得相应的即时奖励，同时也使环境状态变化为新的状态。这里，状态转换仅取决于当前状态和动作，与历史状态和动作无关。这一特性被称为马尔可夫性，这也正是“马尔可夫决策过程”这一名称的由来。可以想象，如果放弃马尔可夫性，考虑历史状态和动作对当前即时奖励与状态变化的影响，问题将变得非常复杂。

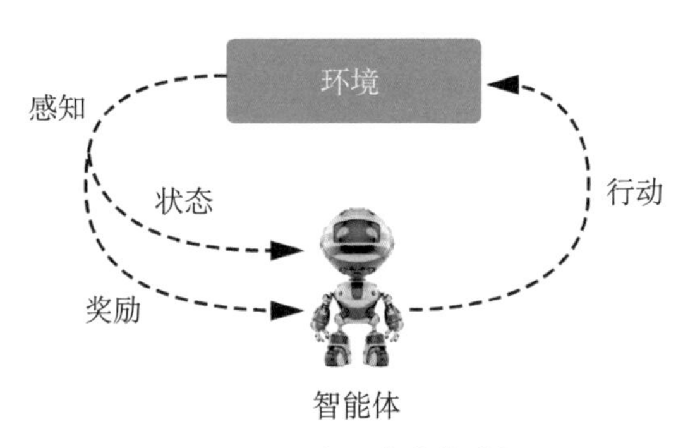

图 5.5 马尔可夫决策过程

在上述过程中，最关键的要素是智能体的行为控制策略，即如何根据当前观察到的环境状态选择合适的行为。行为智能正体现在这一点上。如何获得最优行为控制策略，则是行为智能中的关键问题。

为了获得最优行为控制策略，首先需要对行为控制策略的优劣进行评估。从环境中获得的奖励/惩罚（以下统称“收益”，奖励为正收益，惩罚为负收益）是评估的依据。根据趋利避害的原理，显然我们希望智能体从环境中获得的收益越多越好。另外，智能体强调现场性，它需要在环境中持续生存，因此不是仅考虑一次收益，而是考虑在环境中持续获得的收益。我们需要考虑从每个状态开始智能体能获得的持续收益。该收益的计算方法是将每个状态下所获得的收益乘以一个折扣后相加，称为累计折扣收益。当前状态对应的折扣随当前状态与开始状态的距离增大而不断增加。例如，设折扣系数为0.8，则开始状态的收益不打折扣，第二个状态的收益折扣为0.8，第三个状态的收益折扣为0.8×0.8=0.64，以此类推。

根据累计折扣收益值，对于策略的计算，首先计算在当前状态下每个可能的行动所获得的累计折扣收益值，进而选择使累计收益值最大的行动作为当前最优策略。当行动控制策略确定后，每个状态下采取的行动就确定了，相应的收益也就确定了，因此累计折扣收益值也就确定了。这说明控制策略与累计折扣收益值是一一对应的，得到了最优行动控制策略，也就得到了最优累计折扣收益值；反过来，获得了最优累计折扣收益值，也就获得了最优行动控制策略。

例 5.1　网格世界问题

图 5.6 显示了经典的网格世界问题。在该问题中，状态转移模型是离散的。在每个网格处可以进行向左、向右、向上、向下 4 种

行为，边界处的部分行为不可到达。例如，在起始块（Start）处，向左和向下的行为不可到达；灰色方块处不可到达；当到达“＋1”和“－1”处时，则可以分别获得“＋1”和“－1”的奖励。

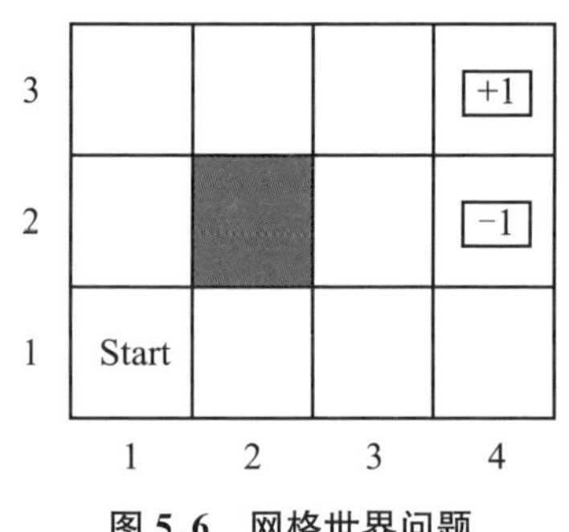

图 5.6　网格世界问题

针对网格世界问题，所谓行动策略，是指在每一网格处所采取的行为（上、下、左、右之一）的集合，最优行动策略则是智能体依据该策略在网格中行动能获得最大累计折扣收益的策略。本例中，只有智能体走到标注“＋1”的网格处才能获得＋1 的奖励，其他行动均没有奖励，走到标注“－1”的网格处甚至导致－1 的惩罚。相应的最优累计折扣收益计算方法以“Start”为例解释如下：考虑到随着步数的增加，折扣相应增长，因此在“Start”处能获得的最优累计折扣收益显然是从该处能够最快到达“＋1”处所获得的收益，对应的一种行为序列是 Start→（2，1）→（3，1）→（3，2）→（3，3）→（4，3），其中除（3，3）→（4，3）的行为获得＋1 的奖励外，其余行为均无奖励。假设折扣系数为 0.9，则总的折扣收益$=0+0.9\times0+0.9^2\times0+0.9^3\times0+0.9^4\times1=0.6561$。

思考

智能体的行为控制策略是指什么？

延伸阅读

累计收益与策略的计算

当前状态下的累计收益值由两部分构成：第一部分是在该状态下按当前策略 π 执行行动后能够得到的即时收益 R；第二部分是进入新状态后按当前策略 π 执行行动所能获得的累计收益值按折扣系数 γ 打折以后的值。设 s' 表示在当前的状态 s 下执行策略 $\pi(s)$ 后获得的新状态，则累计收益值的计算公式为：

$$V^{\pi}(s) = R(s,\pi(s)) + \gamma V^{\pi}(s') \tag{5-1}$$

对于策略的计算，首先计算在当前状态下每个可能的行动所获得的累计收益值，进而选择使累计收益值最大的行动作为当前最优策略，计算公式为：

$$\pi'(s) = \underset{a}{\operatorname{argmax}}(R(s,a) + \gamma V^{\pi}(s')) \tag{5-2}$$

5.1.3　强化学习

问题

在上述马尔可夫决策过程中，为何需要观察环境给予机器人的奖励/惩罚？

为了获得最优行为控制策略，一种可行的方案是应用机器学习中所述的强化学习方法，使机器根据从环境中获得的奖励/惩罚，对自身的行为策略不断调整，直至达到最优策略。在强化学习中，智能体与环境交互，从环境中观测得到当前状态，基于这个状态，智能体做出动作，该动作作用于环境中，使智能体获得相应的奖励或惩罚，同时也使环境的状态变为新的状态。这个过程符合马尔可夫决策过程，因此通常在马尔可夫决策过程的基础上实现强化学习。由前面可知，获得了最优累计折扣收益值，也就获得了最优行动控制策略。强化学习的目标正是使累计折扣收益值最大以获得最优行动控制策略。

Q 学习是一种常见的强化学习方法，它将对最优累计折扣收益值的要求转变为对所谓 Q 函数的要求。累计折扣收益值只与状态有关，Q 值则与状态和动作都有关。在某一状态下有多种可选的动作，每个动作分别有一个对应的 Q 值。设状态为 s，动作为 a，执行动作 a 后状态转变为 s'，则应在原状态和动作对应的 Q 值的基础上，更新所获得的即时收益值与 s' 处最优累计折扣收益值之和同原 Q 值之间的差距。根据这种计算可知，状态 s 下所有动作对应的最大 Q 值即最优累计折扣收益值，这使得对应 s 和 a 的 Q 值可以等于在原 Q 值的基础上，按一定比例累加所获得的即时收益与 s' 处最大的 Q 值之和同原 Q 值之间的差距。换言之，前一时刻的理想 Q 值与后一时刻的理想 Q 值建立了一种数值关系，根据这种数值关系，我们即可学习得到理想的 Q 值，相应学习算法流程如下所示。

第 1 步：随机初始化所有状态-动作对对应的 Q 值。

第 2 步：观察到当前状态 s。

第 3 步：不断重复以下步骤。

第 3.1 步：根据 Q 值最大原则选择动作 a。

第 3.2 步：获得奖励 r。

第 3.3 步：观察到新的环境状态 s'。

第 3.4 步：令 $Q(s,a)=Q(s,a)+\alpha[r+\gamma\max_{a'}Q(s',a')-Q(s,a)]$。

第3.5步：令 $s=s'$。

同时，对应最大 Q 值的动作即最优行动控制策略，因此获得了理想的 Q 值，就同时获得了最优行动控制策略和最优累计折扣收益值。

例5.2 用Q学习算法解决三阶梵塔问题

如图5.7所示，有3根柱子（分别标注为1、2、3）和3个盘片，盘片大小不同，从大到小分别标注为A、B、C。要求通过移动盘片，使其从图5.7（a）所示的初始状态变换到图5.7（b）所示的目标状态。在移动盘片时，需满足如下约束条件：（1）一次只能移动一个盘片；（2）任何时候，大的盘片都不能覆盖在小的盘片之上。我们希望获得合法的最优解决方案，即满足上述约束条件但移动盘片次数最少的方案。

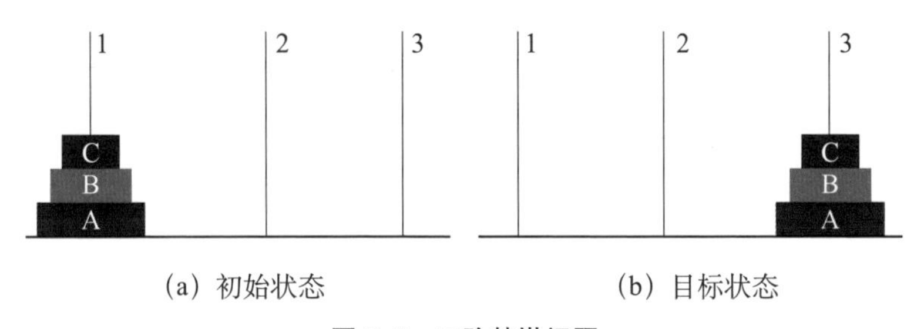

图5.7 三阶梵塔问题

我们首先用状态空间图来表达问题中所有可能的状态及状态之间的转换关系。图5.8（a）显示了与上述三阶梵塔问题对应的状态空间图。在该图上，从起始状态到目标状态的一条路径为一个合法的解决方案，而最短路径为最优方案。因此，该问题转变为在状态空间图上寻找从起始状态到目标状态的最短路径的问题。

在强化学习中，环境应包括状态转移模型与收益函数。状态空间图实际上已经表达了状态转移模型。对于收益函数，我们可以对到达目标节点的动作给予奖励，如将收益值定为 100，而对其他行动不予奖励。这样所获得的环境如图 5.8（b）所示。

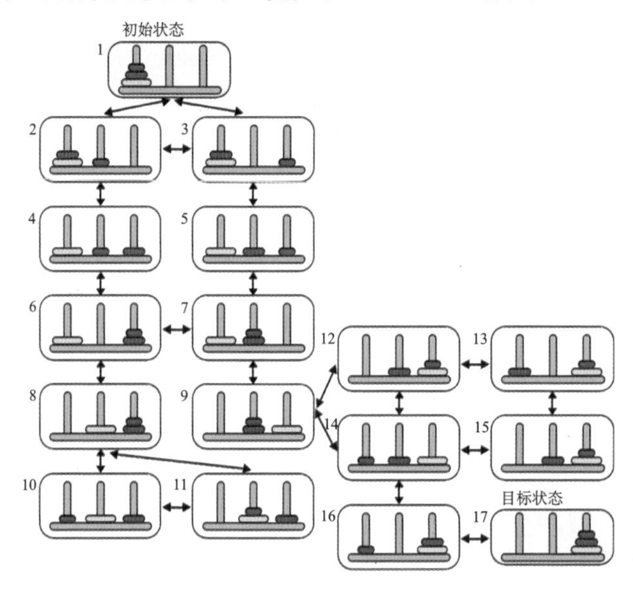

(a) 状态空间图

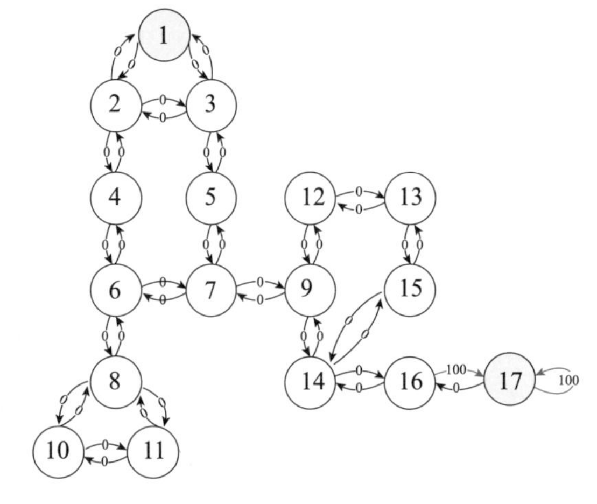

(b) Q学习的环境模型（每条边上的数值代表对应行动的收益值）

图 5.8　三阶梵塔问题对应的状态空间图及其到 Q 学习的转换

我们设想一个机器人在图 5.8（b）所示的环境中，按照 Q 学习算法寻找从起始状态到目标状态的最短路径，即它在当前状态下，选择最大 Q 值对应的动作来执行，对于相同大小的 Q 值所对应的动作，则随机选择执行。执行完动作后，观察新的状态及所获得的收益，然后利用 Q 学习算法中第 3.4 步的 Q 值更新公式对前一状态下的 Q 值进行更新。这一过程会一直执行。当学习过程收敛后，即达到最优的 Q 函数，Q 值将不再发生变化，从而获得最优策略。从此刻起，当继续行动时，在每个状态下按最大 Q 值行动，均能获得最优行动。图 5.9 显示了当折扣系数设为 0.8 时所获得的最终学习结果，每条边上的数值是对应行动的最优 Q 值。此时，机器人在每个状态下按 Q 值最大原则行动，均能按最短路径最快地到达目标状态。

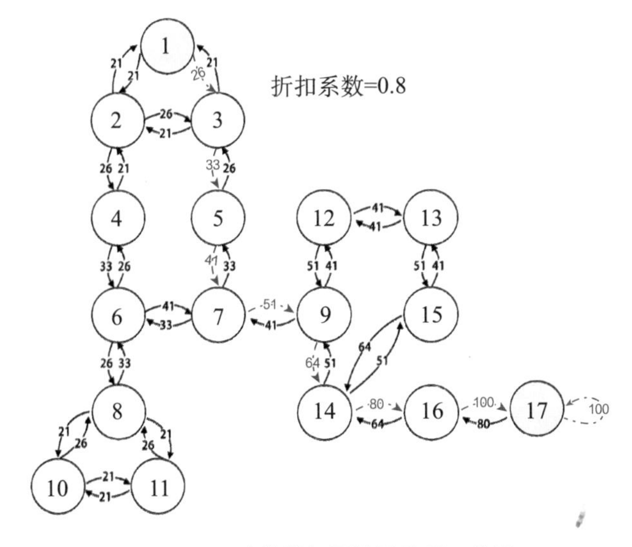

图 5.9　三阶梵塔问题的最终学习结果

注：每条边上的数值代表对应动作的 Q 值；-----路径为从起始节点开始按最大 Q 值原则所确定的最优行动策略。

思考

Q值与累计折扣收益值的关系是什么？

延伸阅读

深度Q学习算法

深度Q学习算法是将深度网络与强化学习相结合，利用一个神经网络来代替Q学习算法中的Q函数而获得的算法。当状态和动作的组合非常多或状态和动作维度很高时，上面所述的Q学习就具有一定的局限性，这时需要利用深度Q学习算法。深度Q学习算法中存在两个结构完全相同但是参数不同的网络，分别称为主网络和目标网络。主网络输出当前的Q值，用来评估当前的状态-动作对；目标网络输出的是目标Q值，用于计算Q网络学习所需要的目标值。主网络参数是实时更新的，每隔一段时间，将主网络的参数复制给目标网络，因此目标网络的参数更新是滞后的。深度Q学习算法中的经验池用来存储之前的经验。将智能体与环境交互得到的样本（s，a，r，s'）作为经验存储在经验池中，在训练时随机抽取一些样本用于训练。在训练过程中，从经验池中随机抽取出（s，a，r，s'），将s输入主网络，取动作a所对应的Q值作为当前Q值。将状态s'输入目标网络，选取目标网络根据下一个状态s'计算得到的各个动作对应的Q值中最大的Q值作为目标Q值，而主网络需要学习的目标值为奖励r与经过折扣因子γ相乘后的目标Q值之和。主网络通过优化当前Q值与目标值之间的损失函数来更新参数。深度Q学习算法的原理如图5.10所示。

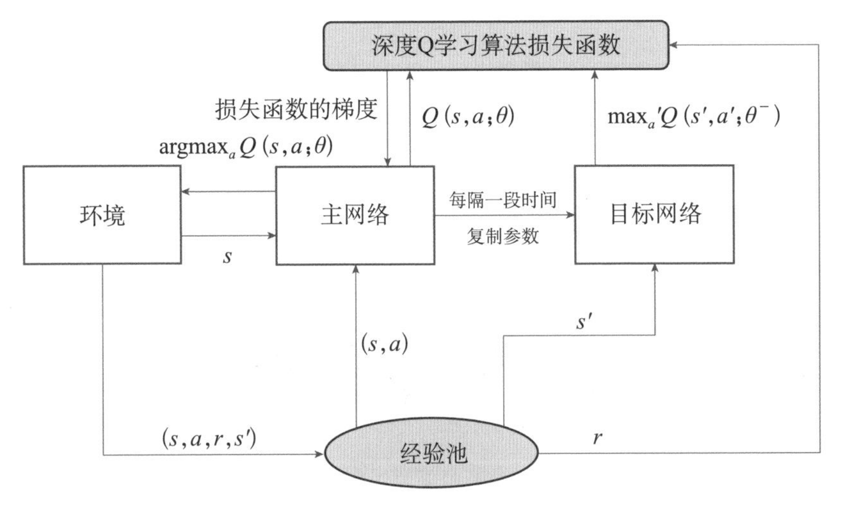

图 5.10　深度 Q 学习算法的原理

5.2　足球机器人

问题

如何实现足球机器人的行为控制？

5.2.1　足球机器人的传感器

问题

足球机器人如何感知外界环境？

足球机器人主要的传感器为摄像头，和人类踢球主要依靠眼睛是一致的。摄像头分为普通摄像头、立体摄像头、全向摄像头三种，如图 5.11 所示。普通摄像头就是我们日常采用的针孔镜头；立体摄像头有两个以上的镜头，类似人的双眼，因此可以获得深度信息；全向摄像头由全向反射镜面和摄像机组合而成，具有 360°的水平视角，能够获取机器人周围场地的全景图像。全向摄像头是目前机器人足球比赛中，特别是中型组比赛中最常采用的视觉传感器。

(a) 普通摄像头　(b) 立体摄像头　(c) 全向摄像头

图 5.11　足球机器人的视觉传感器

通过摄像头获取视觉信号后，需要对信号进行识别处理，包括己方和对方球员识别、足球识别、球门识别、边界识别、定位与姿态估计等，形成对视野范围内踢球场景的认知，为做出行为提供依据。这些属于智能识别算法的范畴，可以采用本书前面机器学习与神经网络部分所介绍的方法实现，也可采用其他方法实现。

思考

除了视觉传感器，还可为足球机器人配备哪些传感器？

延伸阅读

立体视觉

足球机器人视觉系统除了能够识别物体，还能够判断出物体的距离。当看到一个物体的时候，人类的视觉系统不仅可以识别出这个物体是什么，还能估计出这个物体与人的距离远近，这一现象背后的秘密在于人有两只眼睛。事实上，人类的左右眼对于同一物体的观测是存在差异的，正是基于这种“视差”，人类才能获得对立体信息的感知。

对人类的这种视觉特性加以模拟的技术称为立体视觉，其目标是从两幅或两幅以上图像中推理出图像中每个像素点的深度信息。因此，立体视觉系统需要有两个或两个以上摄像头的支持，称为双目或多目立体视觉系统。这些摄像头同时拍摄同一场景，我们从拍摄的两幅或多幅图像中找到对应点，进而根据视差原理计算出物体的距离。

图5.12显示了立体视觉的计算原理。图中O_1、O_2是两个相机的光轴中心，I_1、I_2是对应的成像平面，p_1、p_2是物体点P在两个相机中的成像点，O_1、O_2、P三个点确定的平面称为极平面，e_1、e_2为O_1、O_2连线与成像平面的交点，l_1、l_2是极平面与两个成像平面之间的交线。摄像头的焦距为f，即光轴中心到成像平面的距离。P点到O_1、O_2连线的距离即我们要求的深度。

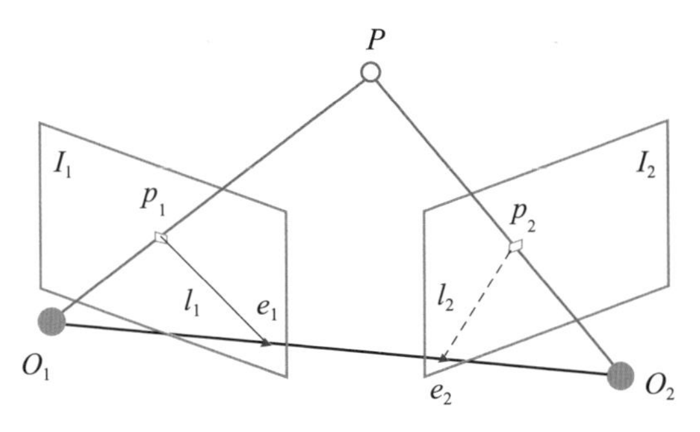

图5.12 立体视觉的计算原理

5.2.2 足球机器人的执行器

问题

足球机器人如何执行行动?

足球机器人的执行部分主要包括行走机构、控球机构和击球机构，以底盘作为它们的支撑，如图 5.13 所示。行走机构包括车轮和电机。车轮通常采用全向轮，可以沿周向和轴向两个方向做滚动运动，使机器人转动更加灵活。控球机构通常利用一个楔形装置控球，如果遇到障碍物，楔形装置可以把球铲起，并使用一定的力度将球拨向其他方向。击球机构主要由电磁线圈、铁芯、回复弹簧组成，利用电生磁的原理，当电磁线圈瞬间通过电流时，其周围会产生感应磁场，吸引铁芯做轴向移动，将球击出。由于感应磁场强度随着导体中电流的增大而增大，因此机器人击球的力量可以通过电流的大小来调整。当电流通过电磁线圈时，电流在一段时间内从小到大再到趋于峰值，只要在这段时间内控制电磁线圈通电的时间，就能控制机器人击球的力度。综上，足球机器人通过行走机构实现位移，在位移过程中利用控球机构和击球机构实现对足球的控球和击出，通过三个机构的协作配合完成任务。

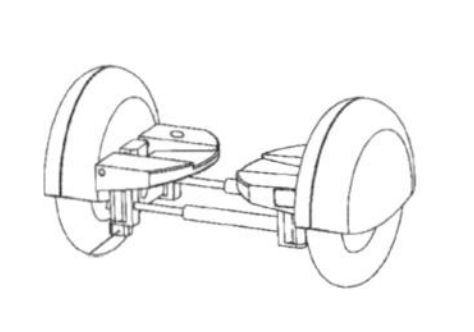

(a) 行走机构

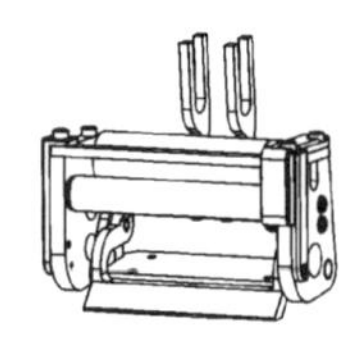

(b) 控球机构

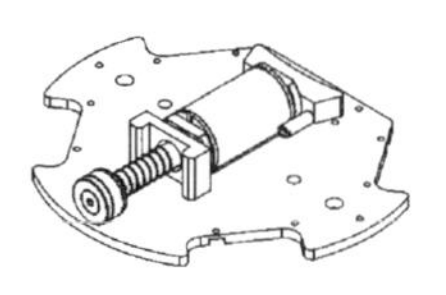

(c) 击球机构

图 5.13 足球机器人的执行机构

思考

足球机器人除了将球水平击出，是否还能进行其他角度的击球？如何进行？

延伸阅读

足球机器人的硬件系统

足球机器人是一个智能机器人系统，其硬件系统主要由PC机、32位嵌入式微处理器、运动控制芯片、电机驱动芯片、存储芯片、接口芯片、直流伺服电机、无线收发模块、电源电路等部分组成，如图5.14所示。其中，PC机作为上位机，主要完成图像处理、控制决策等任务，而机器人的运动控制主要由嵌入式微处理器和运动控制芯片完成。微处理器可采用LPC 2132芯片、ARM 9微处理器等。运动控制芯片可以实时读取和设定速度、加速度及位置等运动参数，适用于直流电机、直流伺服电机。电机驱动芯片可用来驱动继电器、线圈、直流电动机和步进电动机等。车载电源是直流电源，所以机器人的驱动电机需要选用直流伺服电机。直流伺服电机可以与测速编码器一起被制作成一个整体，具有体积小、重量轻、输出功率大、测速精度高等特点。无线收发模块用于发送和接收信

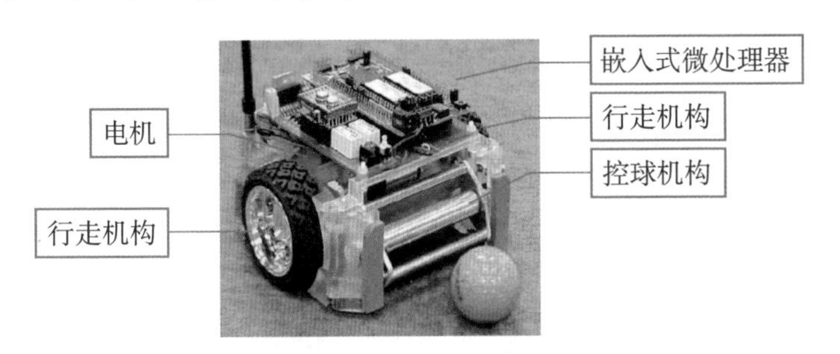

图5.14 足球机器人的硬件系统

息，实现足球机器人与上位机之间的通信。足球机器人底层的自动控制系统硬件用同一电源供电，电源可根据微处理器的工作电压和其他外围设备所需电压选择。

5.2.3 足球机器人的行为智能

问题

足球机器人如何从感知到行动？

足球机器人通常包括感知系统、决策系统和行为系统三大部分。三个系统相互协作，配合工作。其中，感知系统通过摄像头及其他传感器来感知外界环境，通过图像分割、目标识别等图像处理技术判断当前机器人所处位置、其他机器人所处位置及足球位置。决策系统根据感知系统获得的机器人位置、姿态、足球位置等信息，进行快速准确的决策。决策可以包括多个足球机器人的角色分配、动作预测等。角色分配是根据状态信息进行态势分析，从而为每个机器人球员动态地分配角色，不同的角色在比赛中承担不同的任务。行为系统接收来自决策系统的指令，执行运动方向调整、控球、踢球、射门等动作。

感知系统是足球机器人感知外界环境并做出判断所不可缺少的部分。该系统通过摄像头捕获当前环境的图像信息，并对捕获的图像信息进行处理。常用的处理方法包括图像分割、目标检测等。图像分割主要用于分割球、球门、场地边界线、其他球员等语义信息，便于机器人快速做出决策。足球机器人的图像分割任务可以使用深度学习的方法，构建深度神经网络处理输入的待分割图像，通过判断输入图像的每个像素点所属的物体类别获得分割结果。使用数据集对网络参数进行训练，提升分割结果的准确性。目标检测方法常用于检测足球、球员、球门等目标，也可用于机器人对当前环境的判断。足球机器人的目标检测任务也可以利用深度学习，通过构建深度神经网络预测目标物体的边界框，并对网络不断训练，得到良好的目标检测结果。

决策系统是整个足球机器人系统的中心枢纽，起到了感知系统与行为系统之间的桥梁作用。决策系统通常使用强化学习方法来做出决策，对足球机器人的动作进行选择。决策系统根据当前形势选择适宜的动作后，交给行为系统执行。将整个踢球过程视为一个马尔可夫决策过程，可以利用 Q 学习方法来选择足球机器人的动作。首先定义动作空间，由于足球机器人具备射门、传球、拦截等技术动作，Q 学习方法需要学习的策略就是让足球机器人在不同的状态下选择合适的动作，因此动作空间为射门、传球、拦截等技术动作的集合。明确动作空间后，可以根据与动作相关的因素定义状态空间。为了更好地反映己方足球机器人、对方足球机器人、足球及对方球门的相对位置关系，状态空间可以定义为：己方足球机器人与足球的夹角（s_1）和对方足球机器人与足球的夹角（s_2）、己方足球机器人与球的距离和对方足球机器人与球的距离之差（s_3）、足球与对方球门的夹角（s_4）。因此，状态空间为由 s_1、s_2、s_3、s_4 构成的所有组合的集合。以上距离和夹角可以通过来自摄像头的图像或图像处理结果获得。由于在足球比赛中，目标是将足球踢进对方的球门，足球距对方球门越近越好，所以将足球与对方球门间距离的变化作为奖励。奖励函数为前一状态下足球与对方球门的距离 d_1 与当前状态下的距离 d_2 之差，可以表示为 $r=d_1-d_2$。当足球经过移动后与对方球门之间的距离减少时，奖励为正值，反之为负值。当足球机器人进球时，则可以获得更大的额外奖励。根据Q学习算法，足球机器人获得状态后，根据状态计算Q值，依据Q值最大原则选择最大的Q值对应的动作。足球机器人选择并执行动作后，状态和奖励随之改变，可以根据5.1.3节中Q学习算法的第3.4步中的更新公式对Q值进行更新。足球机器人基于Q学习算法不断学习，以获得最大的累计收益。在训练过程中，Q值也不断改变。因此，应不断训练足球机器人，直到Q值趋于稳定方可结束训练。

行为系统是足球机器人动作的执行机构，包括机器人的行走机构、控球机构和击球机构，用于执行足球机器人的移动、带球、射门等动作。行为系统的设计直接影响机器人的动作执行效果。合理的行为系统能够更好地应对足球机器人在带球、射门过程中遇到的问题。例如，控球机构常设计为楔形结构，便于足球机器人更便捷地带球和更快速地调整足球的运动方向。击球机构主要由电磁线圈、铁芯、弹簧等组成，用于将球击出。行为系统接收来自决策系统的指令，帮助足球机器人做出适宜的动作。

综上，足球机器人通过感知系统捕获当前所处的环境的图像，通过图像处理技术获得当前足球、球员、球门的位置。将感知系统获得的图像及位置信息传递给决策系统后，决策系统做出决策，获得当前的行动策略，并将指令传递给行为系统。行为系统根据行动策略执行移动、转向、控球、射门等不同的行为，进而完成比赛。

思考

强化学习在足球机器人的行为智能中起到什么作用？

延伸阅读

足球机器人的路径规划

足球机器人技术飞速发展，而行为策略是决定其性能的关键因素之一。提升机器人的行为策略，能帮助机器人完成更丰富的动作和战术。以路径规划为例，合理的路径规划是决定机器人性能的重要因素。路径规划就是让机器人在时间、距离等指标的限制下，做出从初始位置到达目标位置的最优行走路径。在足球机器人比赛中，首先建立足球机器人的路径规划模型，以足球机器人当前位置为起始点，以足球所在位置为目标点，足球机器人应在避免与其他机器人碰撞的前提下，找到一条从起始点到目标点长度最短的路径。当前基于人工智能的路径规划求解方法包括遗传算法、蚁群算法、粒子群算法等。蚁群算法是常用的路径规划算法，它是受到生物界蚁群觅食行为启发而创立的搜索算法。蚁群根据信息素浓度选择路径，信息素浓度更高的路径具有更大的选择概率，路径越短，信息素浓度越高，最终可找到最优路径。除此之外，越来越多的改进的路径规划算法涌现。例如，基于进化思想的蚁群算法，它针对路径规划中存在的算法迭代速度较慢、运行时间较长等问题进行改进，利用进化的思想改进蚁群算法的信息素更新规则，以加快算法的迭代速度，缩短运行时间。其主要思想是将所有的蚂蚁分成基层蚂蚁和进化蚂蚁两类，种群的进化使基层蚂蚁变成进化蚂蚁，不断的进化使原有种群中不适应环境的蚂蚁逐渐被淘汰，种群的基因变得越来越好，找到的路径就越来越短，从而减少运行时间。

5.3 实现 VSSS 机器人

问题

如何利用前面所述的行为智能方法实现单个足球机器人的行为控制?

VSSS 是 Very Small Size Soccer 的缩写，意为超小型足球。3 个 VSSS 机器人组成一队，两队进行对抗。机器人为小车型，通过两个轮子的速度来控制小车的运动。传感器为普通摄像头，在比赛场地上方架设，为所有机器人共享。机器人的计算在电脑上进行，通过无线网络与机器人通信，控制机器人运动。在以上硬件架构的基础上，实现机器人足球比赛。图 5.15 显示了 VSSS 机器人比赛场景。

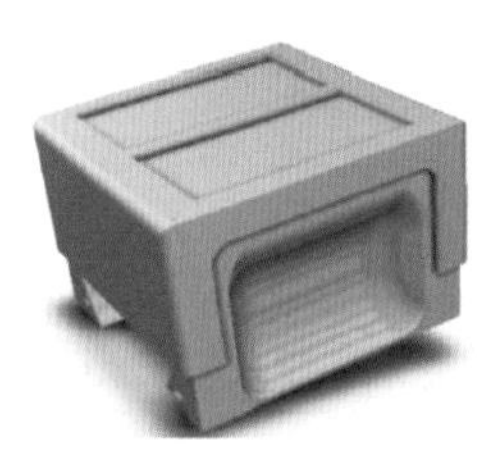

(a) VSSS真实机器人的3D模型

(b) 真实世界中的游戏

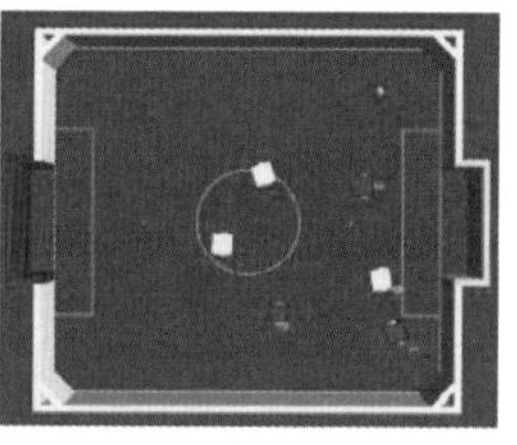

(c) FIRA模拟器中的足球机器人场景

图 5.15　VSSS 机器人比赛

资料来源：H. F. Bassani，etc. A framework for studying reinforcement learning and sim-to-real in robot soccer [EB/OL]. arXiv，2020，8.

VSSS-RL 是一种利用强化学习技术实现 VSSS 机器人的平台，

包括仿真学习部分和实际机器人部分。通过仿真学习部分获得高层的行为控制策略，即不考虑机器人实际情况的理想的控制指令。再通过从仿真到实际的变换，根据高层行为控制策略来获得实际控制机器人运动的指令。这种从高层行为控制策略到实际控制指令的变换，通过一个神经网络来实现。图 5.16 展示了这两个主要部分。

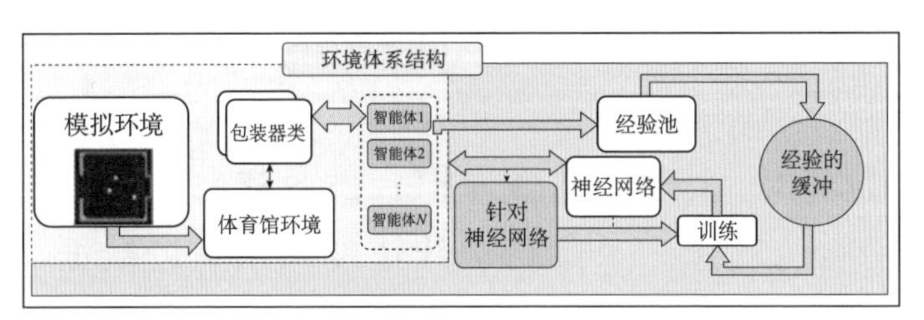

(a) VSSS-RL环境的结构：学习高层行为控制策略的经验和训练过程

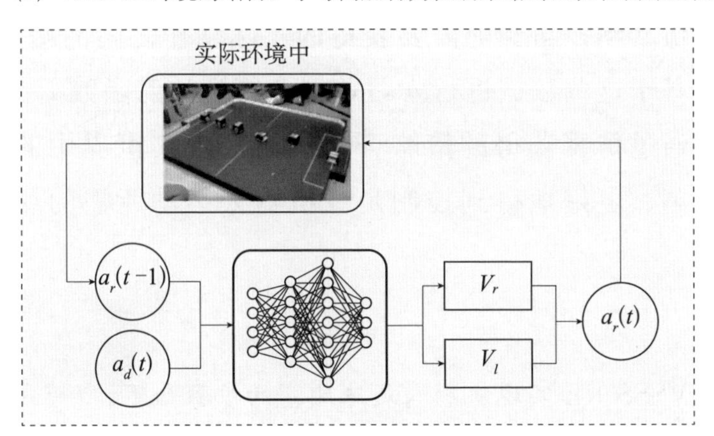

(b) 用于模拟-现实转换的低层行为控制训练过程

图 5.16　VSSS-RL

注：$a_r(t-1)$ 为上一步中观察到的线速度和角速度，$a_d(t)$ 是高层策略所期望的动作，$a_r(t)$ 是在实际环境中应该被采用的动作，V_r 和 V_l 分别是左轮速度和右轮速度。

资料来源：H. F. Bassani, etc. A framework for studying reinforcement learning and sim-to-real in robot soccer [EB/OL]. arXiv，2020，8.

实现从高层行为控制策略到实际运动策略变换的核心是建立二者之间的映射关系。由高层行为策略获得的动作被表示为仿真动作 $a_d(t)$，由一组线速度和角速度组成，$a_d(t)=\{v,w\}$。若想由仿真动作 $a_d(t)$ 得到在实际环境中应用的实际动作 $a_r(t)$，需要一个函数 F 将两者进行映射。除此之外，仍需考虑上一步采取的实际动作，即上一步的真实线速度和角速度构成的动作 $a_r(t-1)$。因此该映射函数应为上一步的实际动作和当前的仿真动作与当前需要获得的实际动作的映射，即 $F(a_d(t),a_r(t-1))=a_r(t)$。

我们可以用一个神经网络来拟合该函数。从真实世界的足球机器人的行为轨迹中采集历史线速度和角速度数据，作为这个神经网络的训练数据，用于神经网络学习上一步的实际动作和当前的仿真动作与当前需要获得的实际动作之间的函数关系。神经网络基于这些数据进行学习，拟合得到映射函数 F。基于这种方法，通过仿真获得的策略可以用于对现实世界中的足球机器人的控制，更好地得到控制足球机器人运动所需的线速度和角速度。

实践

利用 VSSS-RL 实现机器人足球比赛的步骤如下。

第 1 步：通过 FIRASim 仿真平台训练得到高层行为控制策略。

第 1.1 步：设置即时收益值，由 4 部分加权组合构成：(1) 比赛结束时的结果，赢为+1，输为−1；(2) 机器人的运动导致其与足球的距离缩小为正，扩大为负；(3) 机器人的运动使足球跑向对手球门为正，否则为负；(4) 能量消耗为负。

第 1.2 步：调用强化学习算法，在仿真环境下学习机器人的高层行为控制策略。

第 2 步：使用神经网络得到低层行为控制指令。

第 2.1 步：收集小车实际运动轨迹及其对应的左右车轮速度作为训练数据。

第 2.2 步：根据所收集的训练数据，采用监督学习方法得到用于将高层行为策略转换成低层行为控制指令的神经网络。

第 3 步：训练完成的机器人进行三人制比赛。

练习

尝试利用本章所讲的强化学习知识，用强化学习算法控制虚拟双足机器人行走的行为智能。可借助 OpenAI 等平台提供的双足机器人虚拟环境，完成编程及训练，并将最终效果可视化。

第 6 章

群 智 能

知识地图

本章首先介绍群智能的来源和定义，讲解蚁群算法、粒子群算法等群智能经典算法的原理及应用实例。然后解释足球机器人的协作和对抗方法。最后讲解 VSSS 机器人的群体协作与对抗。

本章知识地图如图 6.1 所示。

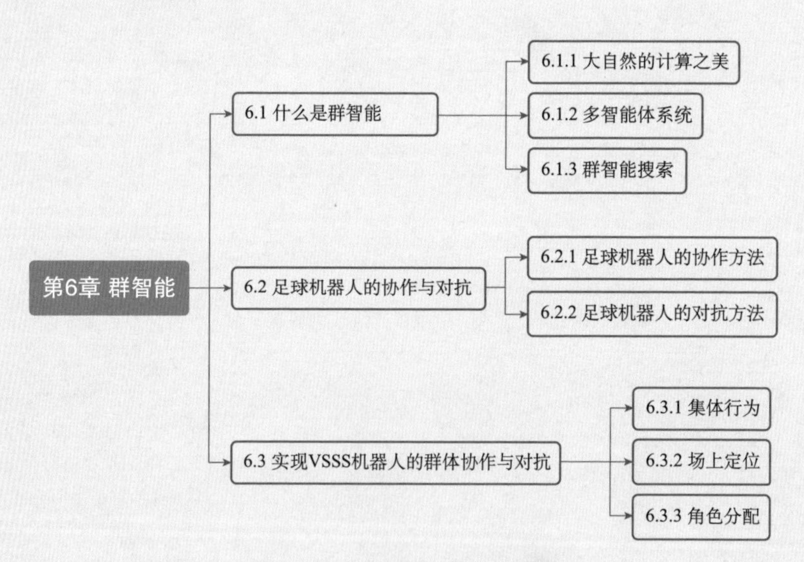

图 6.1 “群智能”知识地图

学习目标

知识与技能：

1. 理解群智能算法的原理并能应用群智能解决相关问题。

2. 了解足球机器人的群体协作与对抗方法。

过程与方法：

通过足球机器人实例，加深学生对群智能的理解，提升学生学以致用的能力。

情感与态度：

1. 培养学生对群智能技术的兴趣。

2. 启发学生对沟通与协作的思考。

体验

在足球场上，足球机器人进行传球、带球、射门等足球动作。这些足球机器人能够通过预先设定的程序自主决策，识别比赛进程，进行团队协作。小型组机器人的身形不大，底下嵌着两个小轮子，可以灵活地传球。类人组的机器人有着与人类相似的身体形态和灵活的四肢，射门时还会摆出起脚的姿势。如图 6.2 所示，球场上的两支队伍正在进行激烈的比赛，队员之间彼此配合，两队之间的对抗陷入胶着状态。

那么，足球机器人如何实现协作与对抗呢？

图 6.2 足球机器人比赛场景

资料来源：https：//new. qq. com/omn/20210521/20210521A0D9GH00. html.

6.1 什么是群智能

问题

我们为何需要互联网？只是因为能快速获取信息吗？

6.1.1 大自然的计算之美

问题

低等生物就没有高级智能吗？

大自然中存在许多群居性动物。单就个体而言，其智能是低等的，只有简单的思考与行为能力，甚至只能做随机的决策。但这些个体结合在一起，通过个体之间的通信和自组织，却表现出了惊人的高级智能，这种现象称为突显，这种在群体上表现出来的智能称为群智能。其特点是自组织，即没有明显的个体之间的控制和指挥行为，依靠个体之间自发的通信与协作来使其群体智能得以突显。群智能的典型代表有昆虫类群体（如蚁群、蜂群）、运动类群体（如鱼群、鸟群、兽群）等。

昆虫类群智能以蚁群为例。每只蚂蚁的脑容量都很小，只能做有限的动作和简单的通信。蚁群却能表现出惊人的智慧。例如，如图6.3（a）所示为白蚁的大教堂，意思是白蚁最终会死在同一个地方，尸体堆积成这样一种山丘，似乎具有对自我的意识，而对自我的意识是高等级智能的关键特征之一。再如，蚂蚁可以发现从其巢穴到食物源的最短路径，即在多条可能的路径中找到最短路径，如图6.3（b）所示。这是一个典型的搜索问题，这种能力被认为只有高级智慧生物才具有。事实上，单只蚂蚁只能随机地选择路径，完全没有能力找到最短路径。但通过蚂蚁群体的相互协作，主要是通过蚂蚁分泌的信息素进行通信，每只蚂蚁最终都能找到最短的路径，这种寻路的高级智能便突显出来。这为我们解决搜索问题提供了一种群智能的思路。

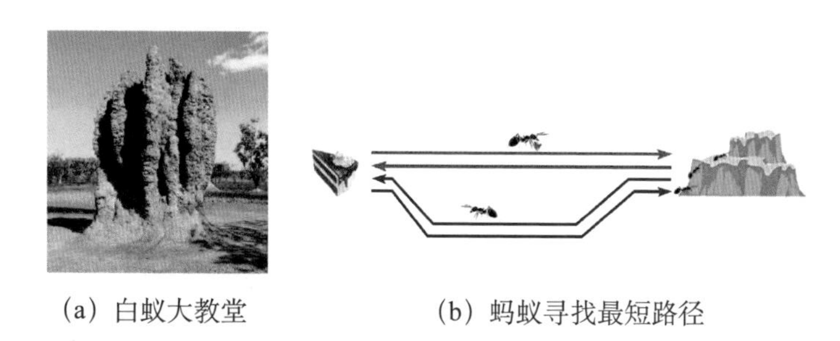

（a）白蚁大教堂　　（b）蚂蚁寻找最短路径

图6.3　蚂蚁的群智能表现

资料来源：https：//machprinciple. wordpress. com/2013/12/04/cathedral-termite-mounds.

运动类群体的统一行动也体现了其群智能。以鸟群为例，虽然没有指挥系统，但整个鸟群飞行起来整齐划一，好像有一个统一的运动大脑一样，如图 6.4 所示。在觅食过程中，即使某些鸟看不到食物，也可以通过和其他鸟类保持相对一致的行动来快速找到食物。这为我们解决搜索问题提供了另一种群智能思路。

图 6.4　鸟群运动

群智能当然不仅限于低等动物，如人这样的高等动物同样存在群智能。人类同样需要通过相互之间的协作来解决单靠个体解决不了的问题。人类形成的知识、工具等正是群体协作的结果，这使得人类群体比孤立的人更加聪明，从而能战胜自然。没有群体协作，人类个体恐怕很难在大自然的严峻考验下存活下来。互联网也是人类群智能的一个体现。可以说，互联网的真正价值不在于其快捷的通信能力，而在于其能整合人类智能，形成更高智能的作用。图 6.5 显示了互联网活动图，与人的大脑的影像存在高度相似性，可以说互联网形成了一个巨大的大脑。

图 6.5 互联网活动图

思考

大自然中还有哪些群智能的表现?

延伸阅读

Boids 规则

运动类群体的统一行动表现可以用 Boids 规则来表达和实现，该规则由如下三条规则构成。

1. 分离

移动以避免群体拥挤，如图 6.6 (a) 所示。

- 优先于其他规则的基本规则。
- 用于避免与环境中的其他物体碰撞。

2. 对齐

调整个体运动为周围同伴方向和速度的平均值，如图 6.6 (b) 所示。

- 增强内聚力以保持群体聚集在一起。
- 有助于避免碰撞。

3. 聚集

向周围同伴的平均位置移动，如图 6.6（c）所示。

- 在群体边缘的个体更容易受到捕食者的攻击。
- 有助于群体聚集在一起。

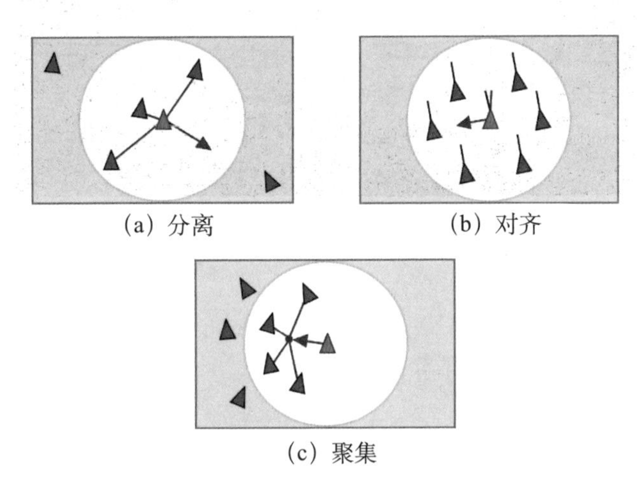

（a）分离　（b）对齐

（c）聚集

图 6.6　Boids 规则

6.1.2　多智能体系统

问题

智能体群体是如何结合成为一个高级的整体的？

多智能体系统是人工群智能的第一个表现，将若干智能体结合在一起共同完成任务。分布式问题求解、多智能体决策、机器人足球比赛等是多智能体系统的典型案例。这些问题主要来自实际应用需求，而非直接模拟大自然中的群体智慧，当然在系统构建上可以借鉴生物群体的群体协作机制。

与单智能体相比，多智能体系统的最关键问题是智能体之间的通信。只有相互通信，多智能体才能结合成一个有机的整体。因此，群智能可以认为等于“智能体+通信”。首先，每个智能体都需要有解决问题的能力，哪怕这个能力很弱。然后，智能体之间通过通信来交换对解的认识，从而调整自己的行为，在集体的协助下获得最优的处理结果，或者综合不同智能体的处理结果形成集体决策。

目前，在多智能体系统中，智能体之间的主要通信机制包括黑板系统和消息系统。在黑板系统中，各智能体之间不发生直接通信，而是通过黑板交换数据、信息和知识。黑板是黑板系统中的公共信息存储和交流区。智能体在需要时按照自身权限访问黑板，确定是否有新的信息，或者向黑板上添加自己的信息。相对于黑板系统，消息系统的通信方式更加灵活。在消息系统中，任意两个智能体之间均可直接通过消息交换数据、信息和知识。一个智能体可以向另一个智能体发送消息，也可以将消息广播给多个智能体。发送消息的智能体称为发送者，接收消息的智能体称为接收者。发送者在发送消息时指定消息的接收者，除接收者之外的其他智能体不能读取消息。为了支持消息系统，消息的发送和接收需遵守预先定义的通信语言。目前国际上有一定影响的智能体通信语言包括知识查询与操纵语言（Knowledge Query and Manipulation Language，KQML）、知识交换格式（Knowledge Interchange Format，KIF）和智能体通信语言（Agent Communication Language，ACL）。

在通信的基础上，智能体之间通过协调和协作形成整体。智能体之间的协调是指在开放、动态的多智能体系统环境下，如何协调不同智能体之间的行为，解决其在目标规划、资源利用等方面可能存在的冲突，以保证多智能体系统的正常运行。目前，多智能体系统的协调策略主要分为 4 种。

（1）组织型：提供一个专门用于协调的、全面了解系统状况的智能体，由它按照某种特定的方式实现智能体之间的协调。

（2）合同型：通过订立合同的方式进行协调。在此过程中，每个智能体兼有管理者和投标者的双重职能。当智能体无法用本地资源解决问题时，将问题分解为若干子问题，并寻找合适的智能体来解决这些子问题。子任务分配通过投标和签订合同的方式实现。

（3）规划型：通过规划智能体的行为实现协调，消除彼此之间的冲突，具体分为集中式规划和分布式规划两种方式。在集中式规划方式下，各智能体将自己的规划发送给一个集中的协调者，由该协调者分析不同智能体的行为，判断并解决其中的潜在冲突；在分布式规划方式下，各智能体管理自己的规划，通过通信了解其他智能体的规划，并根据需要修改各自的规划，直到消除彼此之间的冲突为止。

（4）法规型：为智能体制定一套行为法规，要求每个智能体必须遵守。这些法规一方面会限制每个智能体所能采取的行动，另一方面也可以使智能体在确定行动规划时，确定其他智能体的行为方式，从而确保智能体之间没有冲突。法规型适合空中运输控制或城市交通控制等具有明确法规形式的多智能体系统。

智能体之间的协作是指如何在不同智能体之间建立合作关系，以完成某一共同任务。智能体之间的协调是协作的基础，协作则是协调的主要目的。有时，协调与协作是难以明确区分的，如上述合同型协调方式也可认为是一种协作过程。根据智能体之间的协作方式，可将多智能体系统划分为两种类型。

（1）合作型：各智能体为实现系统的共同利益而相互协作，设计目标是系统的整体性能，而不是针对其中单个智能体。

（2）竞争型：各智能体都为扩大自身利益而工作。为实现自身利益，各智能体可以与其他智能体达成一致，但也可能没有协作关系，甚至可能存在竞争和互斥关系。

目前，智能体之间的协作主要通过两条途径来实现。一条途径是将博弈论、经典力学理论中有关多实体行为的方法和技术用于智能体之间的协作；另一条途径是基于智能体的目标、意图、规划等心智状态来研究智能体之间的协作。

思考

查找多智能体系统资料，描述一个具体的例子。

延伸阅读

言语行为理论

目前，智能体通信语言的主要理论基础是英国哲学家和语言学家奥斯汀提出的言语行为理论。言语行为理论认为：通信语言是一种动作，和物理上的动作一样，发言者的目的是改变世界的状态，通常是指听众的某种心智状态。在智能体通信语言的研究中，言语行为理论主要用来研究主体之间可以交互的信息类型。一种通用的分类方式是将言语行为分为表示型和知识型，还可进一步细分为断言型、指示型、承诺型、允许型、禁止型、声明型等。

奥斯汀提出的言语行为三分说指出，当人们说出每句话时，不管其是否含有行为动词，都包括“说”和“做”的成分，而且所说的话还会对听者产生某种效果。也就是说，人们说出的话包括三个层次，即发话行为、行事行为、取效行为。

- 发话行为：说话者的语言（包括肢体语言等）。
- 行事行为：表达说话者话语意图的行为。
- 取效行为：由说话引起的动作。

例如，爱丽丝告诉汤姆：“请你把门关上，好吗?”在这句话中：

- 发话行为：爱丽丝发出的声音。
- 行事行为：希望汤姆把门关上。
- 取效行为：门关上了（期望的行为）。

6.1.3 群智能搜索

群智能搜索是人工群智能的第二个表现，它直接来自对生物群体智慧的模拟，主要分为对蚁群发现最短路径的原理进行模拟所获得的蚁群优化算法，以及对鸟群觅食原理进行模拟所获得的粒子群优化算法。

1. 蚁群优化算法

为什么蚂蚁能够通过群体的合作找到从蚁巢到食物源的最短路径呢？原因在于：蚂蚁在运动时，会分泌并在经过的路径上留下一种被称为信息素的化学物质。所有蚂蚁都能感知信息素的存在及其浓度，并在其指导下倾向于朝着信息素浓度高的方向移动。下面以图 6.7 所示的例子详细说明蚂蚁的觅食过程。

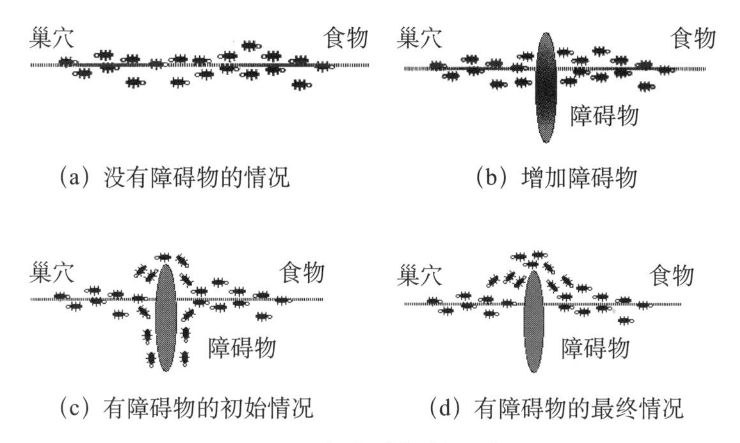

图 6.7 蚂蚁觅食过程示例

在图 6.7（a）中，巢穴与食物源之间没有障碍，蚂蚁选择直线行走。当行走路线上出现障碍物时，如在图 6.7（b）所示的情况下，蚂蚁将如何处理呢？显然，蚂蚁有两条路径可以选择。路径 1 为“巢穴—障碍物上方—食物”；路径 2 为“巢穴—障碍物下方—食物”。起初，蚂蚁等概率地选择从障碍物的上方或下方绕过障碍物，如图 6.7（c）所示。由于路径 1 的长度小于路径 2 的长度，因此单位时间内绕过障碍物上方行走的蚂蚁数量将多于绕过障碍物下方行走的蚂蚁数量。这意味着蚂蚁们在路径 1 上遗留的信息素浓度会逐渐高于在路径 2 上遗留的信息素浓度。这样，根据蚂蚁倾向于朝着信息素浓度高的方向移动的特性，通过路径 1 的蚂蚁数量将越来越多，而通过路径 2 的蚂蚁数量将越来越少，这又反过来增大了两条路径上信息素浓度的差异，导致不仅蚂蚁选择路径 1 的概率不断增加，相应概率的增长率也不断增加，表现出信息的正反馈现象。最终每只蚂蚁都能找到巢穴与食物源之间的最短路径，即路径 1，如图 6.7（d）所示。

根据上述蚂蚁觅食过程的启示，人们创立了蚁群优化算法，它是采用人工蚂蚁的行走路线来选择问题最优解的一种算法。

每只人工蚂蚁独立地在问题解空间搜索（行走），当遇到解的分支路径时，随机地选择某条路径行走，其中信息素浓度更高的路径具有更大的选择概率。人工蚂蚁在行走的路径上释放出与路径长度有关的信息素。路径越短，信息素浓度越高。随着时间的推移，长度短的路径上的信息素浓度越来越高，引导更多的人工蚂蚁通过最优的求解路径，释放出更多的信息素，而其他路径上的信息素在挥发特性的作用下逐渐消失，从而形成正反馈效应。最终整个蚁群在正反馈的作用下集中到代表最优解的路径上，表明找到了最优解。

例 6.1　用蚁群优化算法解决旅行商问题

旅行商问题是指寻求旅行者由起点出发，通过所有给定点，最后回到原点的最短路径。这个问题可以用蚁群优化算法求解。我们以 4 个城市的旅行商问题为例，如图 6.8 所示。4 个城市构成一个正方形，位于正方形边长上的两个城市之间距离为 1，位于对角线上的两个城市之间距离为$\sqrt{2}$。我们将蚂蚁从起点开始走过所有城市后回到起点所走过的路径记为一条完整路径。假设蚂蚁第一次沿正方形边长依次走过所有城市，那么路径总长为 4。蚂蚁根据自己走过的路径长度，在所经过的路径上释放信息素，释放的信息素浓度 τ 是蚂蚁走过的路径距离的倒数。那么蚂蚁在走过这条路径的过程中，在城市之间的每段路径上留下的信息素浓度为 1/4，即 0.25。假设蚂蚁第二次行走选择了另一条路径，路径包含两条对角线和两条边，那么这条路径的总长为 $2+2\times\sqrt{2}\approx4.8$。蚂蚁在走过这条路径时，在每段路径上留下的信息素浓度为 1/4.8，约为 0.21。将蚂蚁两次行走留下的信息素浓度叠加，即当前的信息素浓度。由于在两次行走中都经过了上下两条边，因此上下两条边的信息素浓度为 0.25＋0.21＝0.46；由于只有第一次行走时经过了左右两条边，因此这两条边的信息素浓度为 0.25；同理，两条对角线上的信息素浓度为 0.21。信息素浓度更高的路径有更大的概率被选择，因此在下一次行走中，蚂蚁更倾向于走信息素浓度高的边，也就是正方形的四条边。而距离更长的对角线，被选择的概率更小。基于这个原理，蚁群优化算法可以实现搜索最短距离的目标。

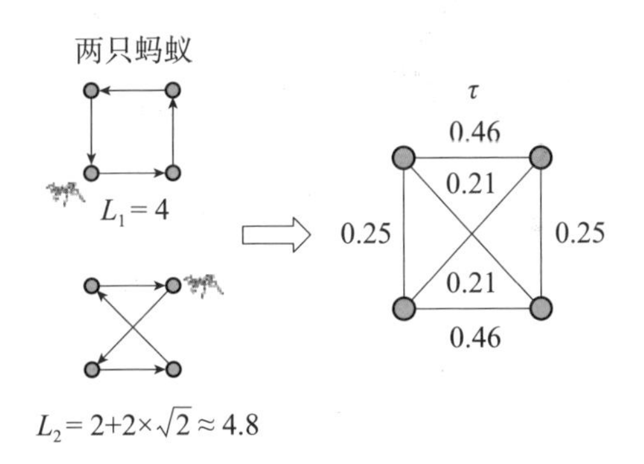

图 6.8　4 个城市的旅行商问题

2. 粒子群优化算法

在粒子群优化算法中，每个粒子是一个类似鸟的运动个体。粒子飞过的每个位置都对应问题的一个解，粒子飞行的过程就是搜索的过程。粒子的飞行速度受限于最大速度。每个粒子在飞行时，根据自己飞过的历史最优点和群体邻域内其他粒子飞过的历史最优点，对自己的位置和速度进行调整。算法停止后，选择群体内所有粒子飞过的历史最优点作为最优解。

在上述过程中，关键在于粒子飞行速度的调整，这决定了粒子对解的搜索方式。对粒子飞行速度的调整是通过以下三个速度加权组合后形成的：（1）粒子的当前速度，即粒子的惯性；（2）从粒子当前位置飞到该粒子个体曾经找过的最优位置所对应的速度；（3）从粒子当前位置飞到粒子群体曾经找到的最优位置所对应的速度。图 6.9 显示了这种速度的确定方式。

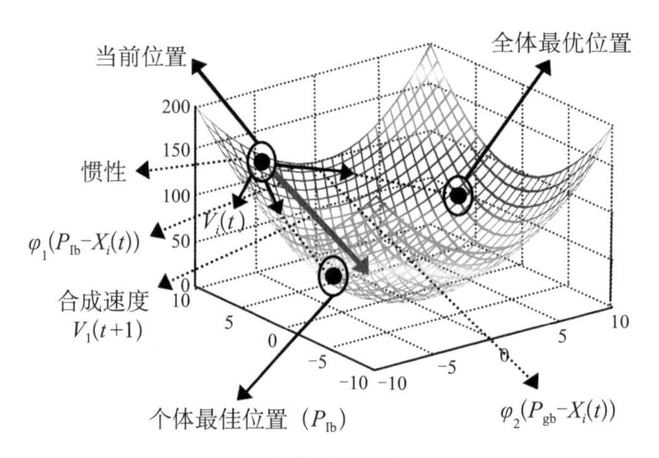

图 6.9　粒子群优化算法中的速度确定方式

例 6.2　用粒子群优化算法求解函数 $y=-x(x-2)$ 在 $x\in[0, 2]$ 范围内的最大值

计算每个粒子的适应度时，将每个粒子所表示的自变量的值代入函数 $y=-x(x-2)$ 中，函数的返回值作为该粒子的适应度。每个粒子个体的当前最优位置表示为 P_{best}，粒子群体的当前最优位置表示为 G_{best}。首先随机初始化 n 个粒子，并在函数定义域范围内随机初始化粒子的位置，然后计算并保存粒子的适应度。每个粒子的初始个体最优位置 P_{best} 为其初始位置，将所有粒子的初始位置代入函数，将适应度最大的，也就是函数值最大的粒子位置作为初始群体最优位置 G_{best}。完成初始化后，算法进入多轮迭代过程，首先利用 P_{best} 和 G_{best} 对当前粒子的速度与位置进行更新，新的速度为以下三部分速度的和：（1）原惯性速度；（2）从当前位置指向粒子个体最优位置的速度；（3）从当前位置指向群体最优位置的速度。新的位置为原位置与新的速度之和。完成位置和速度的更新后，再次计算每个粒子的适应度，然后更新个体最优位置和群体最优位置。计算每个粒子当前的适应度，与其本身的最高适应度比较，得到该粒子新的个体最优位置 P_{best}。将每个粒子的适应度与群体最优位置对应的适应度比较，如果超过了群体最优位置对应的适应度，则新的群体最优位置为该粒子的位置，否则保留原群体最优位置，这样得到新的群体最优位置 G_{best}。再次更新每个粒子的速度和位置。重复上述除初始化外的步骤，直到函数的返回值趋于稳定，最终的群体最优位置 G_{best} 即该函数的最大值对应的自变量 x 的解。

思考

1. 蚂蚁是怎样找到最优路径的？
2. 在粒子群优化算法中，群智能的特性体现在哪里？

延伸阅读

蚁群与粒子群优化算法中的关键公式

1. 蚁群优化算法中的关键公式

当使用蚁群优化算法在旅行商问题中搜索路径时，每只蚂蚁都随机选择一个城市作为出发城市，蚂蚁构建路径的每一步都按照一个随机概率选择下一个要到达的城市。随机概率计算的分子是某一时刻两个城市之间的信息素浓度和两个城市之间距离的倒数的乘积，分母是尚未访问的所有城市按照分子的计算方式得到的结果相加之和。

因此，在求解旅行商问题时，蚁群构建路径时所依据的随机概率的计算公式为：

$$P_{ij}^{k}(t)=\begin{cases}\dfrac{[\tau_{ij}(t)]^{\alpha}\times[\delta_{ij}(t)]^{\beta}}{\sum_{k\in\text{allowed}_i}[\tau_{ik}(t)]^{\alpha}\times[\delta_{ik}(t)]^{\beta}} & \text{若 } j\in\text{allowed}_i\\ 0 & \text{其他}\end{cases} \tag{6-1}$$

式中，i、j 分别表示起点和终点；δ_{ij} 为 i、j 两点之间距离的倒数；$\tau_{ij}(t)$ 为在时间 t 时由 i 到 j 的信息素浓度；allowed_i 为与 i 连接的节点集合；α 和 β 是信息素浓度和距离倒数的加权值。

蚂蚁走完从起点到终点的完整路径后，所有路径上原有的信息素按照一定的挥发率挥发。更新后的信息素浓度为挥发后剩余的信息素浓度与每只蚂蚁经过后留下的信息素浓度的和。相应地，蚁群信息素浓度更新公式为：

$$\tau_{ij}(t)=(1-\rho)\tau_{ij}+\sum_{k=1}^{m}\Delta\tau_{ij}^{k} \tag{6-2}$$

式中，m 为蚂蚁个数；$0<\rho\leqslant 1$ 为信息素的挥发率；$\Delta\tau_{ij}^{k}$ 为第 k 只蚂蚁在路径 i 到 j 所留下的信息素浓度。

2. 粒子群优化算法中的关键公式

粒子速度更新公式为：

$$v_i^{t+1}=v_i^t+c_1\times\text{rand}()\times(P_{\text{best}_i}-x_i^t)+c_2\times\text{rand}()\times(G_{\text{best}}-x_i^t) \tag{6-3}$$

式中，v_i^{t+1}、v_i^t 分别是第 i 个粒子更新后与更新前的速度；c_1 和 c_2 是加权因子；rand() 是介于 0 和 1 之间的随机数，用于增加搜索的随机性；P_{best_i} 是第 i 个粒子的个体最优位置；G_{best} 是粒子群的群体最优位置；x_i^t 是粒子的当前位置。

设 x_i^{t+1} 表示第 i 个粒子更新后的位置，则粒子位置更新公式如下：

$$x_i^{t+1} = x_i^t + v_i^{t+1} \tag{6-4}$$

6.2 足球机器人的协作与对抗

问题

足球机器人如何实现协作与对抗？

6.2.1 足球机器人的协作方法

问题

同队足球机器人之间如何合作？

显然，同队足球机器人之间需要协作才能有好的比赛结果。需要协作的情况有很多，大体可归结为群体行动、跑位、角色分配三种。其中，群体行动是指需要球员配合完成的行为，如过人战术、角球战术等；跑位是指维持每个球员在球场上的最佳位置；角色分配是指根据球场情况为每个球员确定合适的角色。

我们可以采用多智能体强化学习方法来实现足球机器人之间的协作。具体有两种策略，一种是每个智能体仍然独立地进行强化学习，但环境里有其他智能体的参与；另一种是进行多智能体的联合学习，这时状态和动作是所有智能体的，即综合考虑所有智能体的状态后同时进行所有智能体的行为决策。显然，后一种策略能带来更好的运动效果。

多智能体的联合强化学习总体上和第 5 章所述的强化学习方法是一致的，仍然是一个马尔可夫决策过程，只是这里应将所有智能体视为一个整体，而不是各个孤立的个体。从整体考虑，环境状态是联合所有智能体观察到的状态，动作是所有智能体的动作，收益也是所有智能体作为一个整体所获得的收益。在这样的认识下，按照前面所述的强化学习方法进行学习，即可得到多智能体的最优行动策略。

例 6.3　二人制任意球中进攻方战术的联合强化学习

该例利用多智能体联合强化学习方法对二人制任意球中进攻方的战术进行学习。比赛场景如图 6.10 所示。

该任意球场景的结束条件是如下之一。

- 进攻球队进了一球。
- 超过 20 秒的时间限制。
- 防守队的一名队员触碰到球。
- 球离开了场地。

图 6.10 二人制任意球比赛场景

资料来源：Jim Martin Catacora Ocana，etc. Cooperative multi-agent deep reinforcement learning in a 2 versus 2 free-kick task [C]. Proceedings of the 18th International Conference on Autonomous Agents and MultiAgent Systems. 2019：1865－1867.

环境状态由己方两个球员位置、对方防守球员位置、对方守门员位置、球的位置、比赛时间构成。球员动作包括两种：跑动和踢球。动作命令由两部分构成：（1）动作选择命令（跑动或踢球）；（2）跑动的速度参数。踢球不需要参数。

联合强化学习的任务是找到根据上述环境状态做出球员动作的行为策略。为了获得理想的行为策略，我们可以按以下原则计算进攻方获得的收益：（1）接触到球应得到奖励；（2）球在己方队员之间传递应得到奖励；（3）射门应得到奖励；（4）射门得分应得到大的奖励。

在以上设置下，我们采用深度确定型策略梯度算法进行联合强化学习。该算法使用两个神经网络，分别用来计算 Q 值（该神经网络称为批评家网络）和输出行动（该神经网络称为行动者网络），如图 6.11 所示。对于这两个神经网络的学习，采用第 5 章所述的 Q 学习方法进行，即前一时刻的 Q 值应等于后一时刻得到的奖励值加

上后一时刻的 Q 值。根据两者之前的差值，分别更新批评家网络和行动者网络的参数，从而完成学习。学习完成后，便可利用行动者网络做出适当的行动。

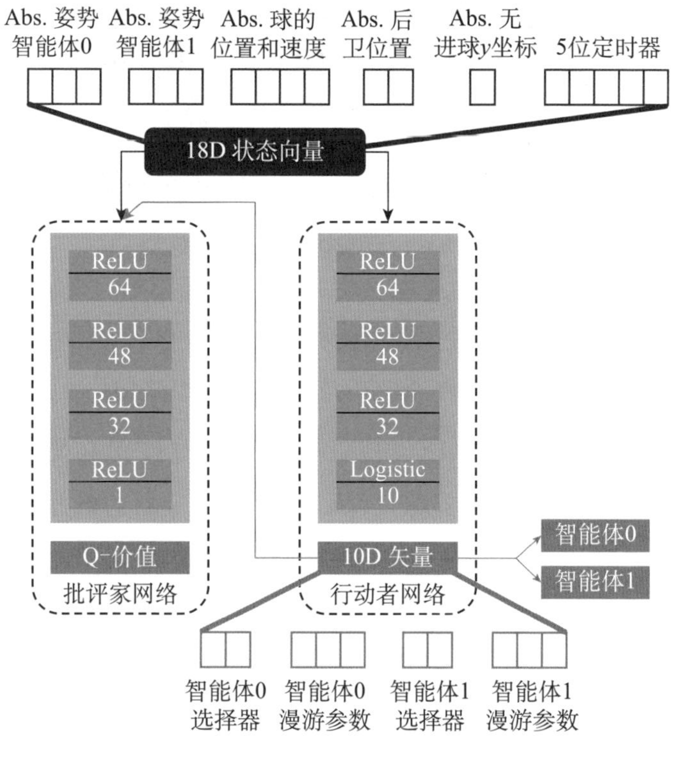

图 6.11　批评家与行动者网络

资料来源：Jim Martin Catacora Ocana etc. Cooperative multi-agent deep reinforcement learning in a 2 versus 2 free-kick task [C]. Proceedings of the 18th International Conference on Autonomous Agents and MultiAgent Systems. 2019：1865－1867.

思考

1. 在上面的二人制任意球问题中，如果采用单智能体独立的强化学习，应该怎样做？

2. 多智能体的行动收益还可以怎样计算？

延伸阅读

深度确定型策略梯度算法

深度确定型策略梯度（Deep Deterministic Policy Gradient，DDPG）算法结合了批评家与行动者算法及深度Q学习算法。DDPG应用了批评家与行动者算法的网络形式，所以具备批评家网络和行动者网络。因为引入了深度Q学习的思想，所以具备经验池，并且批评家网络和行动者网络都需要再分别细分为现实网络和目标网络，现实网络用来输出实时的动作，目标网络则作为现实网络更新的目标值。因此，DDPG算法一共包含4个网络，分别是批评家现实网络、批评家目标网络、行动者现实网络、行动者目标网络。2个批评家网络的结构相同，2个行动者网络的结构也相同。这4个网络的功能如下。

- 批评家现实网络负责计算当前Q值中的$Q(s, a \mid w)$，其参数为w。目标Q值$=R+\gamma Q'(s', a' \mid w')$。
- 批评家目标网络负责计算目标Q值中的$Q'(s', a' \mid w')$，网络参数w'定期基于批评家现实网络参数w更新。
- 行动者现实网络负责根据当前状态s选择当前动作a，用于和环境交互生成下一状态s'和奖励R。其参数为θ。
- 行动者目标网络负责根据经验池中采样的下一状态s'选择最优的下一动作a'，网络参数θ'定期基于行动者现实网络θ更新。

DDPG采用确定性策略μ来选取动作，$a_t=\mu(s_t \mid \theta)$，其中θ是产生确定性动作的行动者网络的参数。在训练过程中，为动作的决策机制引入随机噪声可以使智能体更好地探索潜在的更优策略。批评家网络的作用是预估Q值，其输入有两个，即动作和状态，需要一起输入批评家网络中。行动者网络的输入是状态，输出是动作。DDPG从现实网络到目标网络的更新机制与深度Q学习不一样。在深度Q学习中是直接将现实Q网络的参数复制到目标Q网络，即$w'=w$，这样的更新方式为硬更新，而DDPG使用的更新方式是软更新，即每次只更新一部分参数。

批评家网络的损失函数使用均方误差，计算批评家现实网络的当前Q值与批评家目标网络的目标Q值之间的差距。行动者网络的梯度计算是为了让行动者网络输出的动作能够获得最大的Q值，使行动者网络朝着更有可能获得更大的Q值的方向更新。

DDPG算法的具体步骤如下。

第1步：初始化批评家现实网络和行动者现实网络，然后把两个网络的参数复制到批评家目标网络和行动者目标网络，从而得到4个网络。

第2步：使用行动者现实网络与环境交互，输入状态s到行动者现实网络得到动作a，对环境施加动作a，环境返回下一时刻的状态s'和奖励r。用四元组（s，a，r，s'）表示在状态s时，采取动作a，得到奖励r和下一个状态s'。将其放到经验池里。

第3步：批评家现实网络的更新。从经验池中抽取样本（s，a，r，s'）进行训练。把（s，a，r，s'）中的s和a输入批评家现实网络，得到$Q(s, a \mid w)$。然后把（s，a，r，s'）中的s'输入行动者目标网络，得到动作a'。把s'和a'一起输入批评家目标网络，得到$Q'(s', a' \mid w')$。目标Q值为$Q'=R+\gamma Q'(s', a' \mid w')$。算法希望批评家现实网络的Q值趋于目标$Q'$值，因此将$Q'$视为标签计算损失函数。

第 4 步：行动者现实网络的更新。按照行动者网络的梯度计算公式更新行动者现实网络。

第 5 步：批评家目标网络和行动者目标网络的更新。每隔一定时间，对这两个网络的参数进行软更新。

第 6 步：回到第 2 步重新循环，直到满足停止条件。

6.2.2 足球机器人的对抗方法

在前面的协作学习中，虽然以己方球员之间的协作为重点，但实际上也包含与对方球员对抗的内容，这种内容是隐含在强化学习过程中的。而在机器人足球中，更常见的对抗是做对手分析。对手分析包括对手行为分析、未来状态预测、当前状态评估等，以对己方面临的对抗环境进行全面的理解。

对手行为分析从比赛记录中对手的行动序列中挖掘信息，以获得对手的行为模式，从而可以制定有针对性的比赛策略，提高胜率。这实际上是一个非监督学习问题，是非监督学习中的聚类问题，即从大量数据中发现数据规律，在对手行为分析中，就是在对手的行动序列中发现其行为模式。

下面介绍一种利用组平均聚类方法实现对手行为分析的方法。组平均聚类方法是一种层次聚类方法。该方法的基本思路是先将每个数据看作一类，然后两两聚合增加每个聚类中数据的个数，同时减少聚类个数，直至得到预先约定的聚类个数为止。在该方法中，关键是如何计算两个聚类之间的距离。组平均聚类采用的方法是计算两个聚类中任意两个数据之间的距离，再求所有数据距离的平均值作为两个聚类之间的距离。

图 6. 12 显示了一个利用组平均聚类方法对某球队的定位球记录进行聚类得到的聚类树。这里的定位球是指在边线附近发起的定位球，策略是指球员的站位部署。如图所示，共有 37 条定位球记录，首先对这 37 条记录两两聚类，得到 24 个聚类结果。再对这 24 个聚类结果两两聚类，得到 18 个更大的聚类结果。如此进行下去，最终得到 5 个聚类作为最优的聚类结果。

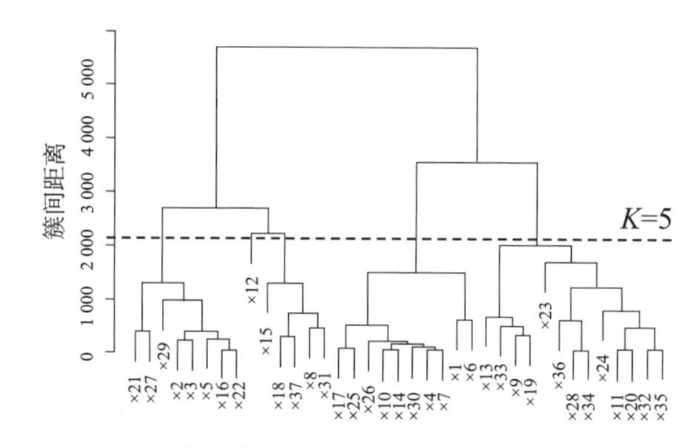

图 6. 12　足球机器人定位球数据的凝聚层次聚类树示例

资料来源：Kotaro Yasui，etc. Analyzing and learning an opponent's strategies in the RoboCup small size league [C]. RoboCup 2013，LNAI 8371，2014：159 - 170.

通过对这 5 个聚类结果对应的定位球记录进行分析，可得到该球队执行定位球的 5 种策略，如图 6. 13 所示。

- C_1：不让机器人之间传球，直接将球踢向球门。
- C_2：在对方开出角球后，将球传给远端在对方球门区的队友。
- C_3：接到界外球后，将球传给中线附近的队友。
- C_4：将球传给球场远端的队友。这个策略类似策略 C_1。
- C_5：将球传给中场队友。

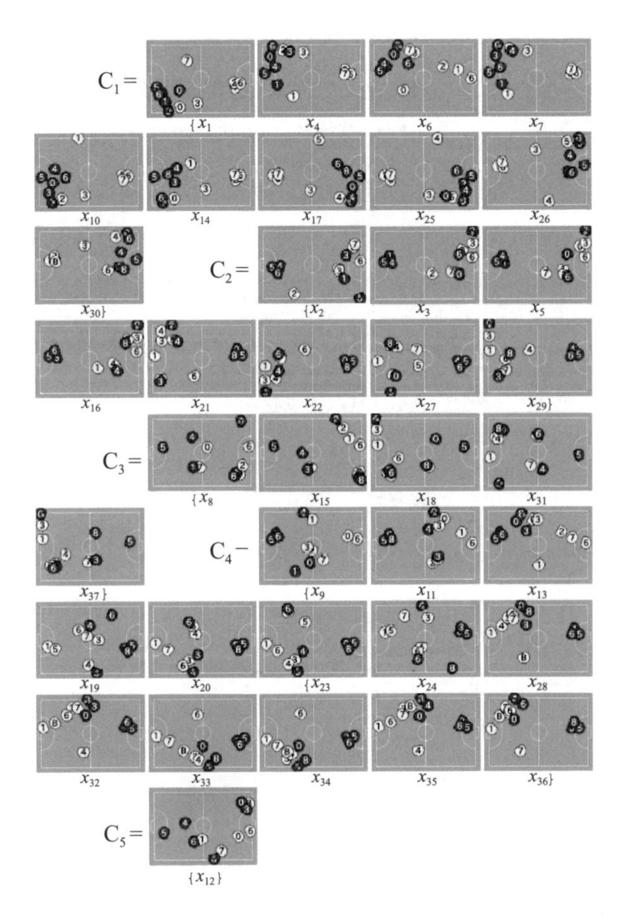

图 6.13　与足球机器人定位球数据的聚类结果相对应的定位球策略

资料来源：Kotaro Yasui，etc. Analyzing and learning an opponent's strategies in the RoboCup small size league [C]. RoboCup 2013，LNAI 8371，2014：159－170.

在获得上述定位球策略聚类后，可对该球队在场上执行该类定位球的战术进行预测。我们可以根据该球队发起定位球之前的若干时刻的部署与各个聚类之间的距离来预测其在发球时刻可能采取的策略。例如，考虑其发球之前 4 秒内的部署，共 4 种部署：前 4 秒时的部署、前 3 秒时的部署、前 2 秒时的部署、前 1 秒时的部署。

分别计算每种部署与 5 个聚类之间的距离，计算方法是计算每种部署与聚类中每条数据（同样是部署）之间的距离，再求其平均值。这里，对每种聚类来说，可以获得一个距离变化的趋势，反映了对方部署的变化趋于某种聚类的趋势，从而得到预测结果。图 6.14 显示了这种变化趋势的例子。图 6.15 显示了与之对应的部署。从图 6.14 可以看出，对方即将采取的策略最有可能是聚类 C_3。而根据上面所述的 C_3 策略及球队的站位，可知 8 号球员将开始击球，则干扰对方 8 号球员可破坏对方的策略。

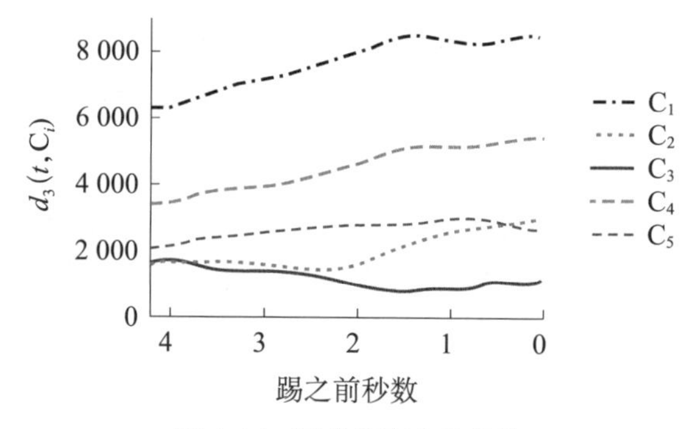

图 6.14　聚类距离变化趋势

资料来源：Kotaro Yasui，etc. Analyzing and learning an opponent's strategies in the RoboCup small size league [C]. RoboCup 2013，LNAI 8371，2014：159 - 170.

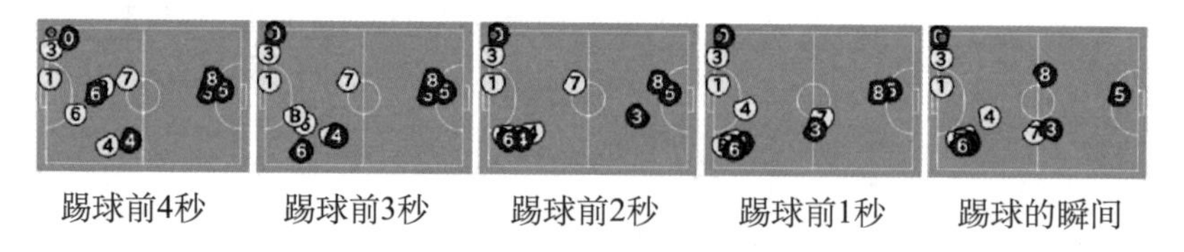

图 6.15　球队部署序列

资料来源：Kotaro Yasui，etc. Analyzing and learning an opponent's strategies in the RoboCup small size league [C]. RoboCup 2013，LNAI 8371，2014：159 - 170.

思考

除了对手行为分析，你还能想到哪些与足球机器人对抗相关的问题?

延伸阅读

国际机器人足球赛

机器人世界杯(Robot World Cup，RoboCup)足球赛分为5个组，即小型组、中型组、类人组、标准平台组、足球仿真组。小型组足球机器人集中解决多个智能机器人之间的合作问题，以及在混合集中分布式系统下高度动态环境中的控制问题。小型组足球机器人比赛有两支队伍，每支队伍有5个机器人。机器人必须能放进一个直径18cm的圆筒，不得高于15cm。机器人分为具有局部视觉传感器的机器人和具有全局视觉传感器的机器人两种。中型组机器人直径小于50cm，可以使用无线网络来交流。在类人组中，具有与人类相似的外观及感知能力的自主机器人会进行足球比赛。除了足球比赛，类人组还将应对技术挑战，包括动态行走、跑步、平衡状态下踢球、视觉感知球等。标准平台组的所有赛队使用相同的机器人进行比赛，比赛开始后，不能有人为参与和计算机的介入，机器人在没有外部控制的情况下实现完全自主操作。该项比赛主要涉及机器视觉、定位导航、运动规划、仿人机器人步态研究、策略算法、软件设计、多机器人协同控制等研究领域。仿真组比赛不需要任何机器人硬件，其关注的是人工智能和团队策略。由RoboCup仿真平台提供标准比赛软件平台，平台设计充分体现了控制、通信、传感和人体机能等方面的实际限制。

除RoboCup外，国际上具有影响力的机器人足球赛还有国际机器人足球联合会(Federation of International Robot-soccer Association，FIRA)机器人足球比赛。FIRA机器人足球比赛最早由韩国高等技术研究院于1995年提出，并于1996年举办了第一届国际比赛。FIRA在全球范围内每年举办一次机器人足球世界杯比赛，比赛的主要类型有半自主型、全自主型、类人型、仿真型等。在半自主型机器人比赛中，允许参赛方用一台主机对机器人进行集中控制。全自主型机器人则是完全独立的，无须人为指挥，机器人能够捕获场景信息，自主进行决策和判断，配合队友机器人或独自实施行动。类人型机器人是与人类外观相似的足球机器人，除了需要完成控球、射门等比赛动作，还需要关注平衡能力、运动能力等机器人本身的性能。仿真型机器人足球赛是在FIRA仿真平台上进行的足球机器人仿真比赛。由于实物机器人比赛涉及的因素过多，如计算机视觉、电机控制、通信设备等，使得机器人的行动策略不能被完全突出，开展仿真比赛可以减少对硬件的需求，突出机器人的行动策略。

6.3 实现VSSS机器人的群体协作与对抗

问题

如何在VSSS机器人比赛中增加前面所述的机器人协作方法？

在第5章的VSSS机器人比赛中，主要考虑的是单个机器人的行为控制，未考虑机器人之间的协作与对抗。本节考虑VSSS机器人的群体协作与对抗问题，在VSSS比赛场景下，仿照本章6.2.1节中例6.3，开展三人制任意球比赛。

在三人制任意球比赛中，分别针对进攻方和防守方，利用本章6.2.1节中的联合强化学习方案学习其行动方案，利用本章6.2.2节中的对手行为分析方案预测对手行为，再加入联合强化学习，优化其行动。以上仅训练高层行为控制策略即可。由于从仿真环境到现实环境的转变过程中存在硬件、能源消耗等问题，直接将仿真环境中得到的策略迁移至现实环境中存在障碍，因此根据仿真结果获得足球机器人在现实世界中的完整行为的控制策略需要合理的映射来实现。从高层行为控制策略到低层行为控制指令的转换可使用第5章所述的VSSS-RL平台提出的神经网络方法。利用神经网络学习映射的方法可以实现单智能体强化学习、多智能体强化学习及从仿真到现实世界的应用。首先在仿真环境中进行高层行为控制策略的学习，包括经验收集和训练过程。然后利用神经网络建立高层策略学到的期望动作到实际环境中应该采用的动作的映射。对小车型足球机器人而言，主要学习的动作是线速度和角速度。为了训练神经网络，可以从真实世界的足球机器人的行为轨迹中采集历史线速度和角速度数据，神经网络基于这些数据学习高层行为策略动作与上一步真实动作到当前真实动作的映射。

在了解了控制策略的训练方法和动作的映射方法后，还需要对多足球机器人协同策略进行具体分析。多足球机器人协同策略主要包括集体行为、场上定位和角色分配。集体行为是指某项任务需要多个机器人联合执行才能完成。场上定位的目标是保持足球机器人在场上的正确位置，从而使球队的整体表现最优。角色分配是指决定哪些机器人必须在比赛情境中扮演特定的角色。

6.3.1 集体行为

可以使用多智能体强化学习方法使机器人学习行为策略。在多智能体强化学习算法中，对状态空间的定义主要考虑球员与球的位置关系、与队友的位置关系、与对手的位置关系及传球的线路等因素。联合状态由各智能体的状态构成。因此，可将行为动作定义为持球动作、传球给第 i 个队友、接传球动作、追球动作、射门动作。将这些动作定义为动作空间，每个机器人球员的动作构成多智能体联合动作。每个机器人球员在学习中可使用根据一定概率分布的动作选择策略来预测其他智能体的动作，并向该机器人球员提供其他智能体选择的动作及预测概率，基于此完成多智能体强化学习，实现从联合策略下的状态空间到联合动作空间的映射学习。

6.3.2 场上定位

球队战略的一个关键部分是通过选择智能体的位置来选择正确的场上阵型，从而优化比赛中的表现。可以利用自适应协调，通过在活动阶段改变机器人球员的角色，进行传球、带球和射门等动作。

6.3.3 角色分配

角色分配是多足球机器人协同的一部分，它将正确的任务分配给正确的智能体，可能涉及选择哪个机器人扮演进攻或防守角色。角色分配主要考虑球的位置和运动方向、己方球员与对方球员的竞争因素及己方球员与队友的协作因素。用不同的状态变量表示球在球场上的位置、球的运动方向、己方球员与对方球员的竞争关系、己方球员与队友的协作关系。为了便于分配角色，可对不同的角色定义不同的编号，如将主防队员、协防队员、协攻队员和主攻队员分别编号为1～4。因此，在角色分配任务中，强化学习系统的动作变量是机器人的角色编号。强化学习系统根据状态变量学习需要选择的动作变量，即分配的角色。强化学习系统输出每个角色编号的概率值，然后选择最大的概率值对应的角色编号作为己方机器人球员的角色。

实践

阶段1：联合强化学习

第1步：按6.2.1节例6.3中所述原则设置即时收益计算方法（进攻方和防守方的不同设置）。

第2步：调用联合强化学习算法，在仿真环境下学习机器人的联合高层行为控制策略。

第3步：训练完成的机器人进行三人制任意球比赛。

第4步：记录比赛过程中双方机器人的状态和行为。

阶段2：预测对手行为

第1步：按6.2.2节所述方法对对手球队的比赛记录数据进行聚类。

第2步：分析聚类结果，对对手行为进行预测。

第3步：将预测结果作为环境状态的一部分。

第4步：重复阶段1的步骤。

练习

设计用群智能搜索方法解决八皇后问题的算法：在8×8格的国

际象棋棋盘上摆放 8 个皇后，使其不能互相攻击，即任意两个皇后都不能处于同一行、同一列或同一斜线上。

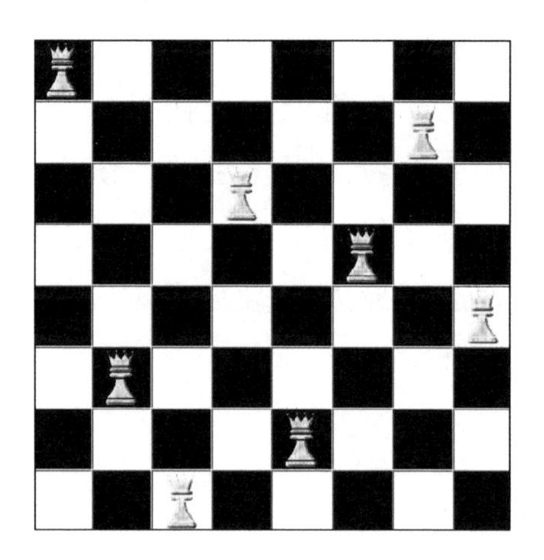